Ingeniería chilena

IMAGEN DE CHILE

620.007083
A729e Armijo G., Benjamín.
Ingeniería chilena. Orígenes de su enseñanza y profesionalización
/Benjamín Armijo G., Claudio Gutiérrez. –
1a. ed. – Santiago de Chile: Universitaria, 2022.
156 p.: il., grafs.; 15,5 x 23 cm. (Imagen de Chile)
Incluye notas a pie de página.
Referencias bibliográficas: p. 109-115.

ISBN Impreso: 978-956-11-2924-5
ISBN Digital: 978-956-11-2925-2

1. Ingeniería – Enseñanza - Chile.
I. t.
II. Gutiérrez, Claudio.

Texto compuesto en tipografía *Palatino LT Std* 11/13

Se terminó de imprimir esta
PRIMERA EDICIÓN
en los talleres de Eclipse Impresores JR,
Bio Bío 565/569, Santiago de Chile,
en marzo de 2022.

DIAGRAMACIÓN Y PORTADA
Yenny Isla Rodríguez

www.universitaria.cl

IMPRESO EN CHILE / PRINTED IN CHILE

Benjamín Armijo y Claudio Gutiérrez

Ingeniería chilena

Orígenes de su enseñanza y profesionalización

La publicación de esta obra fue evaluada
por el Comité Editorial de Editorial Universitaria
y revisada por pares evaluadores especialistas en la materia,
propuestos por Consejeros Editoriales de las distintas disciplinas.

Editorial Universitaria

A mi familia y amigos, por siempre creer en mí
(Benjamín)

A la memoria de mi padre, quien me motivó a investigar nuestras raíces
(Claudio)

Índice

Introducción 11
La enseñanza de la ingeniería en la historiografía chilena 16
Este trabajo 18
Fuentes y organización 19

Capítulo 1
Una mirada cuantitativa a la formación de los ingenieros en Chile en el siglo xix 23
1.1. La evolución de las especialidades 24
1.2. Evolución de matrículas y titulados 26
1.3. Titulados y redes sociales 28
1.4. Evolución del número de ingenieros 32

Capítulo 2
La Enseñanza de la Ingeniería previo a la creación de la Ingeniería Universitaria (1843-1853) 35
2.1. Primeros estudios de ingeniería: la Academia de Gorbea y los Liceos provinciales 35
2.2. El curso de Arquitectura y las ingenierías 39
2.3. El debate sobre el carácter de la enseñanza de los temas ingenieriles y técnicos en la década de los años 1840: técnicos e ingenieros 42

Capítulo 3
La enseñanza en la carrera de Ingeniería de la Universidad de Chile. Una breve mirada general (1853-1900) 49

Capítulo 4
Universidad de Chile: Fundación y dificultades iniciales (1853-1868) 53
4.1. Aspectos curriculares: el plan de estudios de 1853 54

4.2. El mercado laboral y la competencia europea 58
4.3. La crisis interna ante la falta de estudiantes y profesores y las dificultades para implementar el plan 64
4.3.1. *Dificultades para implementar el plan por falta de estudiantes* 64
4.3.2. *Dificultades para implementar el plan por la falta de profesores e infraestructura* 67

Capítulo 5
El impulso reformista (1868-1879) 73
5.1. El proyecto de reforma de 1868 73
5.2. La ley orgánica de la Universidad de Chile de 1879 76

Capítulo 6
Disputas por el carácter de la Ingeniería: ¿práctica o teórica? ¿Especialismo o generalismo? (1884-1899) 79
6.1. El plan de 1889 y el intento de acercar la ingeniería a las necesidades industriales 82
6.2. El plan de 1893 y la nueva orientación generalista de los estudios 90
6.3. El plan de 1898: la ingeniería como profesión científica (más que técnica) 96

Capítulo 7
Otros desarrollos: La Escuela de Ingeniería de la Universidad Católica y la Escuela de Artes y Oficios 99
7.1. La carrera de ingeniería en la Universidad Católica 99
7.2. La Escuela de Artes y Oficios (EAO) y la ingeniería mecánica 102

Conclusiones 107

Referencias 111

ANEXO: PLANES DE ESTUDIOS 119
Plan de estudios de 1853 121
Plan de estudios de 1889 127
Plan de estudios de 1893 135
Plan de estudios de 1898 151

Introducción

El presente libro tiene como objetivo principal aportar a entender los orígenes de la ingeniería chilena. La ingeniería comienza a enseñarse y profesionalizarse desde mediados del siglo XIX y este estudio se centra en ese primer medio siglo fundacional. Esa segunda mitad del siglo XIX se podría caracterizar como un periodo de ensayos e intentos de desarrollar, sistematizar e institucionalizar localmente una disciplina que ya tenía antecedentes, tanto incipientes en Chile como ya con tradición en los países europeos, particularmente en el terreno militar.

El libro toma como centro la evolución de los programas de estudio y el contexto en torno a ellos. Los planes de estudio de alguna manera capturan el núcleo de la enseñanza en el periodo (lo que se enseña y cómo se enseña). Desde allí exploramos otros temas que ayudan a entender su estructura, sus contenidos y sus formas. En un primer círculo concéntrico, estudiantes, profesores, infraestructura y regulaciones administrativas. En un segundo círculo, más externo, los principales procesos, tanto a los que está dirigida o motivan la enseñanza de la ingeniería, como los que impactan sobre esa enseñanza.

Entonces, a modo de introducción, daremos a los y las lectoras una visión general preliminar del tema. El texto está escrito en círculos concéntricos que van desde lo general y externo adentrándose en lo específico e interno, que son los programas de estudio propiamente tales.

Primero, es bueno indicar que la formación sistemática (esto es, en escuelas dirigidas para ello) de ingenieros en Chile comienza en la segunda mitad del siglo XIX. Antes solo hubo intentos aislados de enseñar materias ingenieriles y una concepción muy difusa de lo que era la profesión y carrera de ingeniería[1]. Esta institucionalización de

[1] Uno podría distinguir dos grandes etapas como antecedentes: ingeniería colonial (formación de agrimensores) y el periodo de Gorbea (aprox. 1830 - 1853). Probablemente el programa de agrimensura de 1827 y el plan de estudios (de matemáticas) del Instituto Nacional de 1832 reflejan muy bien esos antecedentes. Como dato anecdótico y simbólico, se pudiera considerar a

la enseñanza de la ingeniería se da en un marco de, o se yuxtapone con, muchos otros procesos económicos, sociales y políticos, interacciones que sería interesante estudiar más en profundidad. En lo educacional, entre 1843 y 1849 queda conformado el sistema de educación superior universitaria y técnica en el país, que permanecerá esencialmente inalterado hasta el siglo XX. En lo político y administrativo es en la década de los años 1850 que el Estado comienza a consolidar el territorio, expandiéndose hacia el sur y hacia el norte, ocupando vastos territorios, que duplican o triplican su soberanía anterior. En lo económico, la segunda mitad del siglo XIX es un periodo en el cual cambia la matriz productiva del país de una reorganización de la economía colonial del siglo XVI a una fase fundada en el salitre y caracterizada como economía de enclave[2]. En lo social, los procesos de crecimiento, migración y urbanización de la población elevan la importancia de las ciudades. En lo internacional, es la época de florecimiento del mundo industrial y probablemente la época de oro de las ideas de "invención" y de "progreso" por medio de la ciencia y la racionalidad.

Es bueno aclarar que este estudio no pretende abordar en profundidad el debate historiográfico sobre las relaciones de los estudios de ingeniería con el desenvolvimiento del país (aunque aquí y allá no resistimos la tentación de avanzar algunas tesis). Algunos han sostenido que los estudios de ingeniería en Chile nacen dirigidos desde el Estado para resolver determinados problemas. Aunque es obvio que el Estado es quien se hace cargo de esa formación, consideramos que las motivaciones son más complejas. El Estado funciona como mediador, como el agente que implementa y regula estos estudios. No nos parece para nada evidente que el desarrollo mismo del alcance y programas de esas escuelas estuviese dirigido desde el Estado (aunque formalmente la ley lo dictaminase así). En el otro extremo está la tesis de que la ingeniería responde a una necesidad impulsada por el desenvolvimiento económico: ingenieros geógrafos para la expansión territorial, ingenieros civiles para las

Vicente Caballero como el primer "ingeniero" formado en Chile. Caballero estudió matemáticas en la Academia de San Luis, donde luego fue profesor; fue nombrado "Agrimensor General del Estado de Chile" a partir de 1817; y finalmente, en 1829, se le designa "*Ingeniero Civil*, Director de Obras Públicas de la Municipalidad de Santiago." Véase: Marín Rodríguez Diez, Discurso en Homenaje a Gorbea. *Anales de la FCFM*, Vol. 11, Núm. 11 (1954), pp. 35-44.

2 Marcello Carmagnani. En: Manuel Llorca-Jaña, Rory M. Miller (editores) *Historia Económica de Chile desde la Independencia*. RIL, 2021. Prólogo, p. 12.

nuevas obras del país, ingenieros de minas para la explotación cada vez más técnica de la minería, etc[3]. Con nuevos antecedentes, consideramos que también hay que ponderar esta tesis. En efecto, al menos la enseñanza de la ingeniería aparece como una fuerza cultural con bastante autonomía relativa, en el sentido que el grupo de sus cultivadores se las arregla para balancear sus propias concepciones, los modelos aprendidos en otras latitudes, sus intereses particulares, con las demandas y necesidades del Estado y la sociedad. Resulta de todo esto que la enseñanza de la ingeniería sigue por periodos una lógica muchas veces internalista, sin gran eco con el mundo exterior, hasta que este último llama a sus puertas, sea a través de dictámenes del Estado, falta de estudiantes, temas laborales, etc.

En segundo lugar, ya internándose más en la enseñanza propiamente tal, es importante intentar precisar la noción de "ingeniero" en la época y en Chile. Como lo muestra Ernesto Greve, que dedica más de 50 páginas de la introducción de su monumental obra a intentar despejar esto[4], la noción de ingeniero se usa de maneras muy diversas hasta mediados del siglo XIX, cuando en 1842 se establece el Cuerpo de *Ingenieros* y en 1853 se establecen los planes para formar *Ingenieros* en la Universidad de Chile. A partir de allí es posible considerar que la voz ingeniero corresponde fundamentalmente (al menos en el periodo estudiado) a un profesional universitario o con estudios superiores, con fuerte formación físico-matemática, y *expertise* en diseñar o ejecutar obras civiles o mineras o construir y manejar maquinaria. La "sólida formación científica en física y matemática", que en el imaginario del siglo XIX es casi sinónimo de ingeniero, ya nos lleva al siguiente círculo de temas respecto de su enseñanza.

La institucionalización de la enseñanza de la ingeniería (y luego, en la segunda mitad del siglo XIX de la ingeniería misma) en Chile, siguió el modelo de los ingenieros civiles de tradición francesa (y española, muy similar a la francesa), esto es, un profesional de élite intelectual (fundamentalmente experto en física y matemáticas) y de Estado. Quedaron entonces, de alguna manera, desmerecidos, tanto el modelo inglés del ingeniero como la profesión liberal, fuertemente asociada al empresario industrial y muchas veces formado en el mismo taller o

3 Claudio Gutiérrez, Michael Reynolds. "Institucionalización y profesionalización de la ingeniería en Chile". *Revista Quipu* (México), N° 1, vol 16, 2014, pp. 63-86.

4 Ernesto Greve. *Historia de la Ingeniería en Chile.* Imp Universitaria, 1938. Tomo I, pp. 7-60.

industria. Este mismo sesgo naturalmente dejó de lado especialidades que requerían mucho trabajo manual y práctico e infraestructura material como la ingeniería mecánica y la química. Esto ayuda a entender de alguna manera las especialidades que se privilegió en el modelo chileno en el periodo abordado.

En tercer lugar, otro factor relevante para entender el desarrollo de la ingeniería en Chile es el prestigio social, el cual incide de manera muy relevante en las discusiones sobre la profesión de ingeniero en ese tiempo, y luego en su enseñanza. La profesión de ingeniero debía enfrentar dos grandes obstáculos para ser aceptada por la sociedad chilena de la época. Primero, la idea que era una profesión que se acercaba mucho a lo manual, algo que era asunto de clases bajas, idea que primó en la mentalidad colonial de la élite gobernante al menos hasta mediados del siglo XIX, y luego disminuyó, pero no desapareció. Entonces, cada vez que aparecía una nueva necesidad (e.g. mecánica, química, electricidad después), el "sistema" (ese complejo institucional y cultural sin responsabilidades precisas) se las arregló para separar los estudios en prácticos y teóricos, y luego en cursos separados, unos para la universidad, otros en escuelas técnicas no universitarias. Esto es sobre todo evidente en dos hitos: primero en la separación radical de la Escuela de Artes y Oficios con los estudios de ingeniería desde 1849; y luego, en el plan de 1889 que pretendía morigerar esta brecha, se expresa en las dificultades que tuvo para su implementación, y su rechazo posterior por los académicos establecidos. El caso de la ingeniería mecánica (y probablemente también de la química) merece un estudio monográfico. A pesar de que innumerables ingenieros advirtieron su necesidad, nunca en el periodo estudiado la Facultad de Ciencias Físicas y Matemáticas (que representaba la ingeniería establecida) acogió esa demanda[5]. En segundo lugar, el hecho que la ingeniería era una profesión cuyos temas (las ciencias físico-matemáticas y la tecnología) no estaban en el imaginario cultural de la élite. Por un lado, para los letrados (de fuerte tradición colonial) la cultura era lo "humanista", nada que tuviera que ver con asuntos materiales; por otro, para la élite gobernante (esta fundamentalmente de tradición hacendal), el tema de gobierno era un asunto fundamentalmente del derecho (de propiedad) más que de otras disciplinas: "Nada importan las decoraciones exteriores, los progresos de la industria, los adelantamientos del comercio, si el

[5] Véase Jariez, Zegers, Labatut, etc., y el caso de la EAO en la siguiente sección.

poder conservador de la propiedad carece de fuerzas y agentes"[6]; finalmente, la Iglesia Católica, que ejercía una fuerte posición de poder en la sociedad (instalada como religión de Estado por la Constitución de 1833 y en la Universidad en el Consejo Universitario a través del Decano de la Facultad de Teología), miraba los temas científicos con recelo. En ese ambiente las matemáticas superiores eran una materia difícil y principalmente estudiada como asunto cultural algo exótico, con poca relación con temas de la realidad (el humanista Bello escribió un tratado de Cosmografía, pero se opuso –conscientemente o no– de manera tenaz a la ingeniería como disciplina). Todo lo anterior contribuía a hacer de la ingeniería un campo difícil también para los estudiantes, que además de la falta de tradición, de buenos libros, materiales y profesores, debían sobrellevar sobre todo la falta de motivación en sus familias y en el ambiente.

Abordamos en este estudio los modelos europeos de enseñanza, pero no sistematizamos sobre sus influencias. En un ambiente donde la mentalidad de la élite gobernante y letrada era fuertemente europeizante, fueron principalmente los modelos europeos a los que se recurrió a la hora de diseñar programas[7]. Pero, como nuestro estudio muestra, en la práctica en este ámbito también funcionaba aquella fórmula de la administración castellana medieval: "obedézcase, pero no se cumpla" o en la versión de Cardoso, se está ante "la originalidad de la copia"[8]. Es así como el modelo francés (fuerte enseñanza teórica, formación de directivos para la administración del Estado) tiene clara influencia en el origen de la carrera de ingeniería de la Universidad de Chile; pero es bueno recordar que el modelo francés es más amplio (que solo su versión de ingenieros civiles de puentes y caminos y obras civiles), e incluye en su sistema las escuelas de ingenieros de Artes y Manufacturas dirigidas a la industria (la parte del "modelo" que no se siguió acá). El caso de España es también muy ilustrativo de esto: el modelo francés de ingeniería civil se desarrolla en Madrid; el modelo francés de Artes y Manufacturas se

6 Andrés Bello. "Observaciones sobre el plan de estudios de la enseñanza superior, elaborado por Montt, Marín y Godoy". Año 1832. En: *Obras Completas de Andrés Bello*, Caracas, 1981. Tomo 22, p. 619.

7 El modelo francés tiene clara preeminencia en la educación chilena del periodo. Juan Pablo Conejeros Maldonado. *La influencia cultural francesa en la educación chilena*, 1840-1880. Universidad Católica Silva Henríquez, 1999.

8 Fernando Henrique Cardoso. "La originalidad de la copia: la CEPAL y la idea del desarrollo". *Revista de la CEPAL*, segundo semestre, 1977, pp. 7-40.

desarrolla en Barcelona[9]. En Chile se ejemplifica con el modelo español asociándolo solo con el de Madrid. Por otra parte, los modelos alemán (de enseñanza más práctica que el francés, de mayor énfasis en la industria) e inglés (de formación práctica, con escuelas en las industrias) tienen una influencia muy lateral, a través de algunos ingenieros y alguna discusión teórica, principalmente a finales del periodo estudiado.

La enseñanza de la ingeniería en la historiografía chilena

Hay una vasta literatura histórica que aborda la enseñanza de la ingeniería en Chile. Ernesto Greve en su *Historia de la Ingeniería*, aunque entrega mucha información valiosa de aspectos de la enseñanza de la ingeniería en el periodo, presenta una visión evolucionista de su desarrollo sin problematizarla mayormente[10]. Santiago Marín Vicuña, en *Nuestros Ingenieros*, hace una crónica de la época con sus recuerdos de los estudios de ingeniería, y también es una buena fuente de información[11]. Sol Serrano en *Universidad y Nación* aborda las dificultades que surgieron en la instalación de la carrera durante el siglo XIX y sus nexos con la élite dominante, bajo la tesis que la ingeniería es una carrera que por sus características sociales y disciplinares hubo de ser instalada desde el Estado[12]. También Sol Serrano aborda, esta vez más bien descriptivamente, algunos hitos de la enseñanza en diferentes periodos en la *Historia de la Ingeniería* editada por Sergio Villalobos[13]. Rolando Mellafe y coautores, en *Historia de la Universidad de Chile*, abordan brevemente las principales transformaciones que experimentó la carrera a lo largo de la historia de la Universidad de Chile[14]. Jaime Parada-Hoyl estudió la creación del Instituto de Ingenieros, destacando los efectos que tuvo la modificación del plan de estudio en 1889 y el contexto la-

9 Para un mayor detalle del desarrollo de ingenieros en España véase Guillermo Lusa. "La creación de la Escuela Industrial Barcelonesa (1851)". *Quaderns d'histo`ria de l'enginyeria*. Vol. 1. 1996.

10 Ernesto Greve. *Historia de la Ingeniería en Chile*. 4 tomos. Imp. Universitaria, 1938-1944.

11 Santiago Marín Vicuña. *Nuestros ingenieros*. Edit. Nascimento, 1935.

12 Sol Serrano. *Universidad y Nación*. Edit. Universitaria, 1993.

13 Sergio Villalobos (Edit.). *Historia de la Ingeniería*. Instituto de Ingenieros-Hachette, 1990.

14 Rolando Mellafe, Antonia Rebolledo, Mario Cárdenas. *Historia de la Universidad de Chile*. Edit. Universidad de Chile, 1992.

boral de los ingenieros en el siglo XIX[15]. Gastón Held, en su *Historia de la FCFM*, dedica una subsección (pp. 8-16) al periodo, entregando una visión general en la línea interpretativa de Sol Serrano[16]. Gutiérrez y Reynolds estudian los orígenes de la institucionalización de la enseñanza y los nexos de la carrera de ingeniería con la escuela politécnica francesa[17]. En el libro de Eduardo Castillo, *La Escuela de Artes y Oficios (EAO)*, se encuentra un completo estudio de la enseñanza técnica en la EAO en la época, que permite hacer un contrapunto con la enseñanza universitaria de la ingeniería[18]. Hay otros artículos, que para el periodo solo señalan algunos hitos sin mayor profundidad historiográfica[19]. En los últimos años también se ha publicado una serie de historias institucionales de disciplinas y facultades. Destacamos para el periodo estudiado: *150 años de la enseñanza de la ingeniería en minas en la Universidad de Chile 1853-2003*[20]. En el libro *100 años: Escuela de Ingeniería (1917-2017)*, publicado por la Facultad de Ciencias Físicas y Matemáticas de la Universidad de Chile, se aborda brevemente las transformaciones de los planes de estudio en los siglos XIX y XX, poniendo énfasis en las transformaciones posteriores a 1900[21]. Por otro lado, Ricardo Krebs y coautores investigaron la historia de la Universidad Católica desde su fundación, donde se puede encontrar las principales transformaciones de la enseñanza de la ingeniería en dicha casa de estudios[22]. También Macarena Ponce de León Atria y coautoras abordan en las primeras páginas de su historia de la Escuela de Ingeniería de la Universidad Católica los inicios de la enseñanza allí[23]. Es importante señalar que la enseñanza de la in-

15 Jaime Parada-Hoyl. "La profesión de ingeniero y los Anales del Instituto de Ingenieros de Chile. 1840-1927". *Anales del Instituto de Ingenieros. Ingeniería y Sociedad 1889-1929*. Biblioteca Construcción, vol. 51, 2011.

16 Gastón Held. *Apuntes para una historia de la FCFM de la Universidad de Chile*. U. Chile, FCFM, Depto. Ingeniería Industrial, CEPLA, 1989.

17 Claudio Gutiérrez, Michael Reynolds, *óp. cit.*

18 Eduardo Castillo. *La Escuela de Artes y Oficios EAO*. Ocho Libros edit., 2014.

19 Benjamín Fernández Covarrubias. "La enseñanza de la ingeniería". *Anales del Instituto de Chile*, Vol. XXIV, N° 2, Estudios, pp. 435-467, Santiago, 2004.

20 María Cecilia Barros. *150 años de la enseñanza de la ingeniería en minas en la Universidad de Chile 1853-2003*. Universidad de Chile, Departamento de Ingeniería de Minas, 2003.

21 Facultad de Ciencias Físicas y Matemáticas (Edit.). *100 años : Escuela de Ingeniería y Ciencias (1917-2017)*. Universidad de Chile, Santiago, 2017.

22 Ricardo Krebs, María Angélica Muñoz, Patricio Valdivieso. *Historia de la Pontificia Universidad Católica de Chile : 1888-1988*. Ediciones Universidad Católica de Chile, Santiago, 1994.

23 Macarena Ponce de León Atria, M. Francisca Rengifo Streeter, María José Vial Lyon. *Ayer y hoy: Escuela de Ingeniería Pontificia Universidad Católica de Chile*. Santiago, Chile, Eds. Universidad Católica de Chile, 2002.

geniería se ha abordado también, aunque tangencialmente, en estudios sobre la enseñanza de las matemáticas y las técnicas (e.g. dibujo, artes mecánicas, etc.), como antecedentes para la formación de ingenieros en Chile. Ante esto, es relevante mencionar los siguientes hitos, en los que no se profundizará en este trabajo: la discusión en torno a la creación de la Academia de San Luis (a fines del siglo XVIII) y su devenir posterior hasta incorporarse al Instituto Nacional; el papel de las técnicas en el nudo de la creación del Instituto Nacional (*Las Ordenanzas de 1813*), y los estudios de matemáticas en dicha institución; la discusión sobre la enseñanza técnica en la década de 1820 en torno al proyecto de Politécnico propuesto por Ambrosio Lozier; el primer plan de estudio de Agrimensores (1831); La propuesta de enseñanza técnica de Antonio Varas en la década de los años 1840[24].

Este trabajo

Este trabajo estudia sistemáticamente la enseñanza de la ingeniería a nivel universitario, lo que en la época se traduce esencialmente en la enseñanza de las distintas especialidades de ingeniería civil a partir de su establecimiento en 1853 en la Universidad de Chile. Particularmente analizamos los programas, los modelos de enseñanza y sus lógicas internas durante los años estudiados. El estudio está motivado y dirigido por preguntas como estas: ¿Cómo y por qué evolucionan o van cambiando los programas de ingeniería? ¿Cómo se relacionan esos programas con los requerimientos "externos" (económicos, sociales, modelo de desarrollo, etc.)? ¿Cómo se relacionan los programas con demandas internas como dificultades de estudio, preparación de los estudiantes, tipos y número de estudiantes, profesores, infraestructura, etc.? ¿Cuáles son las principales inquietudes e ideas que motivan a quienes diseñan los programas? ¿Por qué se privilegian determinadas materias y otras parecieran desmerecerse? ¿Cómo se balancea la teoría y la práctica, asuntos tan importantes

24 Hay bastante bibliografía sobre estos temas. Remitimos a la bibliografía citada en: Claudio Gutiérrez. *Educación, Ciencias y Artes en Chile 1797-1843; Revolución y contrarrevolución en las ideas y políticas*, RIL, 2011; Claudio Gutiérrez, Flavio Gutiérrez. "Física: su trayectoria en Chile (1800-1960)". *Historia*, 2006; Roberto Hernández Ponce. "Chile conquista su identidad con el progreso. La enseñanza de las matemáticas, 1758-1852". *Historia*, 1988; María Eugenia Albornoz Vásquez. "Peritos en medir, dibujar y definir las tierras. Notas para el estudio y catastro de los agrimensores en Chile, siglos XVI-XIX". *Revista Historia y Justicia*, 13/2019.

en los estudios de la ingeniería? ¿Qué rol juega el entorno social y político y las autoridades? ¿Cómo ve la sociedad los estudios de ingeniería?

Aunque el grueso del estudio aborda la Universidad de Chile, que monopolizó la enseñanza universitaria desde 1843 hasta 1888, abordamos también su enseñanza previa en el Cuerpo de Ingenieros, en los Liceos provinciales (particularmente La Serena, Copiapó y Concepción), en la Escuela de Artes y Oficios y en los comienzos de la Universidad Católica. No abordamos la enseñanza de la ingeniería en el ámbito militar ni naval (pues estos últimos comienzan, de manera sistemática, hacia finales de nuestro periodo). Tampoco abordamos la enseñanza de los agrimensores (cuyo origen es muy anterior a la creación de la Facultad de Ciencias Físicas y Matemáticas de la Universidad de Chile)[25] ni de los ensayadores generales, que aparecen en algunos programas junto a la enseñanza de la ingeniería. Aunque en muchos periodos se sobrepone con la enseñanza de la ingeniería, tampoco estudiamos sistemáticamente la enseñanza de la arquitectura, pues su desarrollo tiene características particulares relacionadas con las bellas artes[26].

Fuentes y organización

Este estudio se basa principalmente en fuentes documentales. Las principales fuentes consultadas fueron los *Anales del Instituto de Ingenieros*, los *Anales de la Universidad de Chile*, el *Boletín de Instrucción Pública*, los *Anales del Instituto de Ingenieros*, las Actas de Consejos de la Facultad de Ciencias Físicas y Matemáticas, las Memorias Ministeriales, Boletines de decretos y leyes, el *Archivo de Historia política* de la Biblioteca del Congreso Nacional. También se consultaron otras fuentes como los documentos de Manuel de Salas y la Academia de San Luis, las Ordenanzas del Instituto Nacional de 1813, el proyecto de Ambrosio Lozier, y periódicos contemporáneos del periodo. Los planes de estudios fueron obtenidos en los Boletines de Instrucción Pública (reproducidos en los *Anales de la Universidad de Chile*) y las Actas históricas de los Consejos

25 María Eugenia Albornoz, *óp. cit.*

26 Hay buenas historias sobre la enseñanza de la Arquitectura en el periodo. *Ciento cincuenta años de enseñanza de la arquitectura en la Universidad de Chile 1849 -1999*. Editado Fac. Arquitectura y Urbanismo, Universidad de Chile, 1999. Wren Starbuchi Chambers (Edit.). *Cien años de Arquitectura en la Universidad Católica*. Edic. ARQ, PUC, 1994.

de la Facultad de Ciencias Físicas y Matemáticas (1890-1900). Respecto a la enseñanza de la ingeniería en la Universidad Católica, se utilizó como principal fuente de información el libro *Historia de la Pontificia Universidad Católica,* de Ricardo Krebs. El número de egresados de cada especialidad de ingeniería fue obtenido a partir del *Índice de Profesionales de la Facultad de Ciencias Físicas y Matemáticas titulados por la Universidad de Chile.* Respecto al perfil sociocultural de los titulados de la carrera de ingeniería, se utilizó como referencia los diccionarios biográficos de Chile elaborados por Pedro Pablo Figueroa y Virgilio Figueroa, junto con el catálogo biográfico de Armando de Ramón de los integrantes del poder ejecutivo, judicial y legislativo desde los años 1876 a 1973.

El resto del texto está organizado de la siguiente forma:

1. Una mirada cuantitativa a la formación de ingenieros en el siglo XIX, donde presentamos la evolución cuantitativa de las especialidades, la evolución de matrículas y titulados, las redes sociales de los titulados, y la evolución del número de ingenieros en perspectiva comparativa con algunos otros países.
2. La enseñanza de la ingeniería previo a tener el estatus de carrera universitaria. Los primeros estudios y programas de ingeniería en la Academia de Gorbea y en La Serena, el caso de la Arquitectura, y los debates sobre el carácter de la ingeniería.
3. La enseñanza de la carrera de ingeniería, en la Universidad de Chile, que fue lejos la principal formadora de ingenieros en el periodo. Esta es la principal parte del estudio, y por su importancia la tratamos en tres capítulos:
   a) Plan de estudios de 1853 y las dificultades en el inicio de la carrera (1853-1868). Abordamos los aspectos curriculares, las especialidades, el mercado laboral y la crisis por falta de estudiantes;
   b) El impulso reformista en el periodo 1868 - 1879. Las propuestas de reforma de 1868 ante la crisis, y la ley universitaria de 1879;
   c) Los dilemas de fines de siglo: ingeniería práctica o teórica, especialismo o generalismo (1884-1889); las reformas y contrarreformas de los planes de 1889, 1893 y 1898.
4. Un capítulo con otros desarrollos fuera de la Universidad de Chile: la ingeniería en la Universidad Católica y en la Escuela de Artes y Oficios (EAO).

Finalmente, se incluyen las principales conclusiones de este trabajo, junto con la bibliografía y refencias utilizadas. Además, se incluye un anexo documental que reproduce los facsímiles de los programas de estudios originales.

Agradecimientos. Al *Archivo Central Andrés Bello* de la Universidad de Chile, por su apoyo en la consulta de material digitalizado. A la Biblioteca Central de la Facultad de Ciencias Físicas y Matemáticas de la Universidad de Chile, por su apoyo en la consulta de material relativo a la historia de la Facultad. Al proyecto *Sci-Hub* por facilitar el acceso a muchos artículos requeridos. A los profesores Patricio Aceituno y Juan Álvarez, por sus relevantes comentarios, sugerencias y motivación.

Capítulo 1
Una mirada cuantitativa a la formación de los ingenieros en Chile en el siglo xix

La formación sistemática de ingenieros comienza en Chile a partir de 1850[27]. Previo a ello existían –como veremos en detalle más adelante– cursos de ingeniería en la década de los años 1840 y un programa de formación de agrimensores (que corresponderá aproximadamente a la de ingeniero geógrafo más adelante) desde 1831[28]. La Universidad de Chile por lejos concentra el grueso de la formación de ingenieros del periodo que comienza en 1853. Pero es bueno señalar que había cursos de ingenieros desde 1850 en el Liceo de La Serena y desde 1864 en Copiapó y Concepción[29]. A partir de 1892 también se abre la carrera de ingeniería civil en la Universidad Católica y los primeros dos egresados se titulan en 1897; sin embargo el número de egresados de esta escuela es bajo (4 hasta 1900)[30]. Por todo ello, nos enfocaremos en el perfil de los ingenieros titulados de la Universidad de Chile, y en lo que sigue mostraremos las estadísticas del periodo 1853-1900. Nos concentramos principalmente en tres facetas donde hemos encontrado suficientes estadísticas: ingresos (matrículas), titulados, y especialidades.

[27] Estamos muy conscientes del sesgo de género de la acepción "ingenieros". Pero en lo que sigue usamos el masculino "ingenieros" pues representa muy bien la orientación de la profesión durante el siglo xix. No solo no hay mujeres tituladas en las escuelas chilenas, sino que no se conocen estudiantes mujeres en las escuelas de ingeniería ni mujeres reconocidas como ingenieras como tal durante el siglo xix en Chile. La primera estudiante de la carrera de ingeniería de la Universidadde Chile fue Justicia Espada Acuña Mena, quien ingresó en 1913 y se tituló en 1919.

[28] Eulogio Allendes. "Matemáticas o Ciencias Exactas. Su marcha y progresos en Chile". *Anales de la Universidad de Chile*, 1859, Tomo 16, pp. 953-995.

[29] Para el Liceo de La Serena: Decreto de 25 julio de 1850. *Boletín de Leyes,* Tomo VI. 343-346. Para los liceos de Copiapó y Concepción: Decreto 26 de diciembre de 1864. En un inicio los estudiantes de estos liceos debían realizar las pruebas finales en Santiago para optar al título de Ingeniero, pero en 1875 se permitió que el Liceo de Copiapó tomara las pruebas finales y concediera el título. Ver también R. Mellafe, *óp. cit.,* pp. 83-84.

[30] Macarena Ponce de León Atria *et al., óp. cit.* Anexo 1, p. 184.

Entre los años 1853-1900 hay titulados en tres especialidades de ingeniería en la Universidad de Chile, definidas en el plan de estudios de 1853: Ingeniero Civil; Ingeniero de Minas e Ingeniero Geógrafo. Entre 1853 y 1900 se concedieron 412 títulos profesionales de ingeniería[31], de los cuales 199 fueron ingenieros geógrafos (48,3%), 137 ingenieros de minas (33,3%), 75 ingenieros civiles (18,2%) y un ingeniero mecánico (0,2%)[32]. Es importante destacar que estos corresponden a 365 egresados, de los cuales 314 se titularon de una única especialidad de ingeniería (86%), 45 obtuvieron un doble título de ingeniería (12,3%)[33], 5 obtuvieron un título de ingeniería y de ensayador general (1,4%)[34] y uno consiguió titularse de tres especialidades (0,3%)[35].

1.1. La evolución de las especialidades

En la Figura 1 se muestra la evolución de los titulados año por año de las distintas carreras en el periodo estudiado[36].

Como el número preciso de egresados cada año varía de manera bastante aleatoria (atrasos en ramos, postergación de exámenes, etc.) para tener una mejor apreciación de las tendencias, hemos agrupado en la Figura 2 por titulados cada tres años para ver tendencias de mediano plazo[37].

31 En el mismo periodo se concedieron 190 títulos de agrimensores, 33 de ensayadores generales y 2 de arquitectos. La carrera de agrimensor sería luego absorbida por la de ingeniero geógrafo, y la de ensayador general por la de ingeniero de minas.

32 Este dato es dudoso. En el Índice de Profesionales de la Facultad de Ciencias Físicas y Matemáticas (Prensas U. Chile, Santiago, 1932), se indica que Manuel José López se graduó en 1864 de ingeniero mecánico, a pesar de que en ese periodo dicha carrera no se impartía.

33 De estos 45 con doble título, 37 optaron por ingeniería geográfica y de minas (82,2%), 6 por ingeniería civil y geográfica (13,3%) y 2 por ingeniería civil y de minas (4,4%).

34 De estos 5 titulados, 4 combinaron ingeniería en minas y ensayador general, el otro titulado hizo la combinación de ingeniería geográficay ensayador general.

35 Alejandro Bertrand, quien egresó de ingeniería geográfica en 1877, y de minas y civil en 1878.

36 Elaborada con base en Índice de Profesionales FCFM, *óp. cit.* Disponible en línea en el archivo de historia política de la Biblioteca del Congreso Nacional: https://obtienearchivo.bcn.cl/obtienearchivo?id=documentos/10221.1/36195/1/215776.pdf [Consultado 15 mayo 2020]

37 Hemos incluido los agrimensores desde 1839 siguiendo el citado Índice que incluye los agrimensores titulados desde 1838. Recordemos que, según el decreto de 1831, los agrimensores debían ser examinados y aprobados en sus estudios por el Instituto Nacional y el Gobierno nombraba comisiones examinadoras, esto es, ni la Universidad de San Felipe ni la Universidad de Chile antes de 1853 estaban involucradas en ello (Decreto del 15 de enero de 1831).

Figura 1: Evolucion de titulados por especialidades.

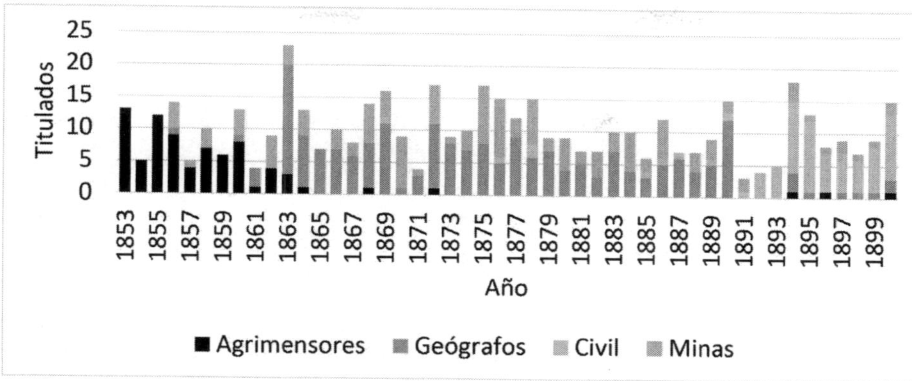

Evolución por año desde 1853 hasta 1900 de los titulados por especialidad de la carrera de ingeniería. Elaboración propia con base a partir del Índice de profesionales de la FCFM de la Universidad de Chile.

Figura 2: Promedio tri anual de titulados por especialidades.

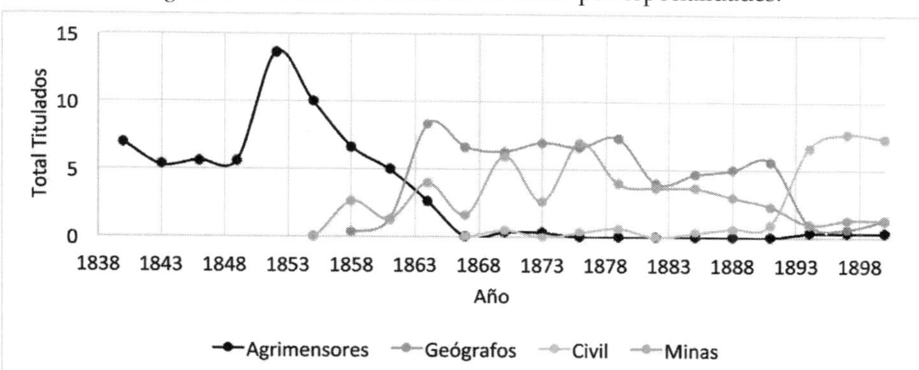

Promedio tri-anual de titulados por especialidades existentes en la Universidad de Chile desde 1838 hasta 1900. Elaboración propia a partir del Índice de Profesionales citado.

Uno de los objetivos de este artículo es interpretar históricamente estas curvas. En el intertanto, podemos adelantar algunas explicaciones básicas de las curvas de la Figura 2. La titulación de agrimensores tiene un pico alrededor de 1852 y comienza a disminuir sustancialmente a partir de 1854 debido a un decreto de Gobierno que reemplaza la carrera de agrimensor por la de ingeniero geógrafo[38]. Esto es consistente con el alza de los ingenieros geógrafos a partir de la década de los años 1860. Los titulados de ingeniería comienzan algunos años después de 1853, año de la creación de la carrera de ingeniería.

Las curvas de ingenieros civiles y geógrafos hay que entenderlas entrelazadas. El tardío y bajo comienzo de la titulación de ingenieros civiles (los primeros egresados de esta carrera se titulan recién en 1869) puede explicarse porque esa carrera era la continuación, con un año más de estudios, de la de ingeniero geógrafo. Entonces no solo la mayoría optaba por esa "salida intermedia" al campo laboral, sino que además incidían en ello las dificultades de ese año extra, en particular la falta de profesores e infraestructura para dictar los cursos del plan curricular. Los ingenieros de minas tienen una lógica algo independiente de las anteriores pues su programa de estudio también era diferente a partir del segundo año.

En la Figura 2 se aprecian dos grandes hitos que se expresan en cruces de curvas que estudiaremos con detalle más adelante. El primero es la década de 1860, que expresa los efectos de la creación de las carreras de ingeniería siete años antes; el segundo es alrededor de 1890, que indica los intentos de cambios en el enfoque de las ingenierías durante los gobiernos de Santa María y Balmaceda.

Para finalizar, presentamos en la Figura 3 una imagen global de las tres especialidades de ingenieros titulados en la Universidad de Chile en el siglo XIX. Se puede apreciar dos picos, en las décadas de los años 1870 para geógrafos y de los años 1880 para mineros, que estudiaremos más adelante.

1.2. Evolución de matrículas y titulados

Agregaremos ahora la variable de la matrícula. Desgraciadamente no hemos encontrado datos confiables sobre qué especialidad escogían los estudiantes al momento de matricularse (según el decreto de 1853 el estudiante debía elegir una especialidad al ingresar). Por ello las curvas de la Figura 4 indican "ingenieros" en general y muestran, de alguna manera, el interés por la carrera (reflejada en la curva de ingresos) y las facilidades o dificultades para terminar los estudios (expresadas en la curva de titulados)[39].

38 Decreto 16 de septiembre de 1854. Boletín de Leyes, t. 22, p. 537.

39 José E. Vera Rodríguez. *El sistema de admisión a la Universidad: Permanencia y cambio*. Santiago de Chile, Edit. Universitaria, 2011. Los datos se encuentran en el Gráfico N° 5, p. 337.

Figura 3: Titulados (promedios de 10 años).

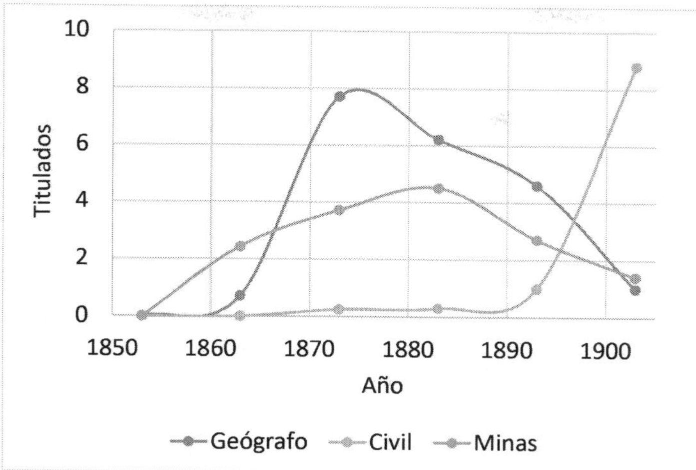

Titulados por especialidades de ingeniería de la Universidad de Chile. Promedio cada 10 años. Elaboración propia a partir del Índice de Profesionales citado.

Figura 4: Matrículas de 1er. año y Titulados (promedios de 5 años).

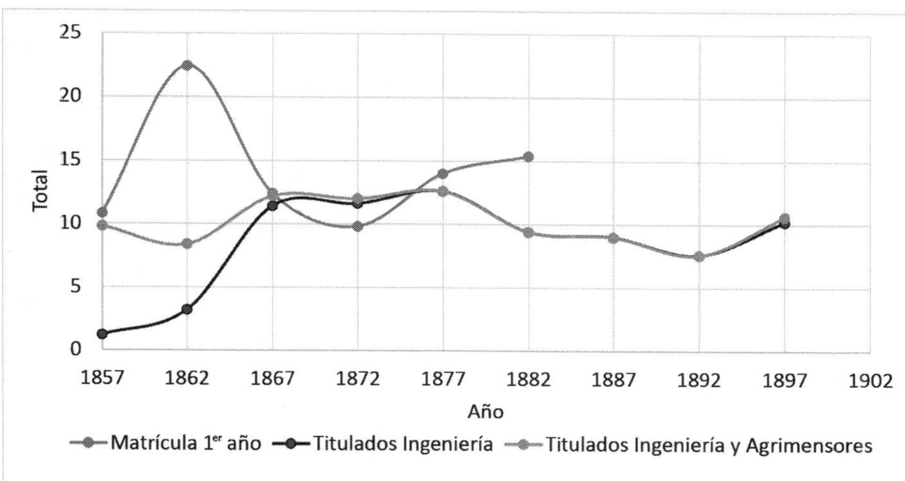

Promedio cada 5 años de la matrícula de primer año y el número de titulados. En 1883 se reporta un total de 36 matriculados, mientras que en 1895 se reportan 45 matriculados en la Facultad (no aparecen por la escala del gráfico). Elaboración propia a partir del Índice de Profesionales y los datos de matrícula de José Vera Rodríguez.

Con los datos disponibles es posible observar que las matrículas tienen una clara baja a comienzos de la década de los años 1860. En las siguientes secciones veremos que influyen varios factores (dificultades para instalar la carrera, falta de profesores, apertura de cursos de ingeniería en las provincias, etc.). Sin embargo, se mantiene un leve crecimiento de los titulados hasta 1875, que indica que siempre se mantuvo un pequeño grupo de estudiantes exitosos, pero que la carrera no lograba expandirse. La leve baja sostenida de titulados a partir de 1877 se abordará en los capítulos siguientes.

En la Figura 5 se observa la evolución de la matrícula y el número de titulados en el primer siglo de la carrera de ingeniería[40]. Salta a la vista que la cantidad de titulados se mantiene relativamente estable a lo largo del periodo, y solamente a partir de 1900 se comienza a ver una línea ascendente (que veremos que se explica bien por los cambios de programas y reglamentos). Por otro lado, se aprecia la diferencia entre los ingresos y los titulados, curvas que sistemáticamente comienzan a distanciarse.

1.3. Titulados y redes sociales

Las redes sociales, particularmente aquellas que enlazan con figuras de poder, son relevantes en nuestro estudio, toda vez que una buena parte de la discusión sobre la carrera de ingeniería en la segunda mitad del siglo XIX tiene relación con su prestigio social[41]. Para determinar estas

[40] Para los datos de matrículas usamos tres fuentes: (1) Alejandro Andonaegui. "Diversas Carreras de Injenieros, creadas por el decreto supremo del 7 de diciembre de 1853. Examen de los resultados que, desde esta fecha, se han alcanzado; lo que en esta materia será conveniente hacer a fin de promover su futuro progreso". *Anales de la Universidad de Chile,* 1868, Tomo 30, pp. 541-556. Datos en p. 543. (2) Diego Barría Traverso. "Empleados públicos y clase media, Chile 1880-1920: un análisis exploratorio a partir de cifras oficiales". *Revista de Historia y Geografía,* N° 32 / 2015, 77-100. Datos en p. 90. (3) J. Mardones Acevedo. "Desarrollo de la formación de ingenieros en la Universidad de Chile y el país". *Anales de la Facultad de Ciencias Físicas y Matemáticas,* 1960, Vol. 17 N° 17, pp. 149-175. Datos en p. 170. Mardones tiene los datos desde 1940. Barría reporta un número de matriculados de 58 (1889), 109 (1895), 87 (1899), 374 (1910), 306 (1915) y 239 (1920). Sus datos incluyen los alumnos oyentes, por lo que no son completamente fiables como matrícula. Andonaegui reporta que la matrícula de ingeniería fue de 25 (1854), 75 (1862) y 36 (1867).

[41] Un gran porcentaje de los titulados no posee una biografía en las fuentes consultadas. Es difícil determinar si esto se debe a que están lejos de las redes de la alta sociedad, o simplemente la élite contemporánea no los consideraba como miembros de ella. Probablemente estos ingenieros formen parte de las capas medias y luego de ingresar a la Universidad de Chile aumentaran sus redes de poder. Por lo mismo, se requiere un estudio prosopográfico más extenso respecto a estos ingenieros. Abordamos este tema de manera general aquí solo para sugerir la viabilidad y relevancia de tal estudio. Sol Serrano aborda parcialmente esta dimensión al estudiar la procedencia de los estudiantes de la Sección Universitaria

redes de los profesionales titulados en el siglo XIX, se hizo un estudio prosopográfico preliminar basado en los diccionarios biográficos de Armando de Ramón[42], Pedro Pablo Figueroa[43] y Virgilio Figueroa[44] . Definimos que un titulado tiene "vínculos (o redes) de poder", si pertenece a la alta sociedad de la época, familiares directos suyos han ocupado cargos políticos (ministros, parlamentarios, intendentes, gobernadores, jueces, etc.) o poseen riquezas debido a sus actividades empresariales o como terratenientes. Con esta definición un 39,18% de los titulados (143 ingenieros) aparecen en esta categoría.

Figura 5: Evolución de las matrículas totales y de titulados.

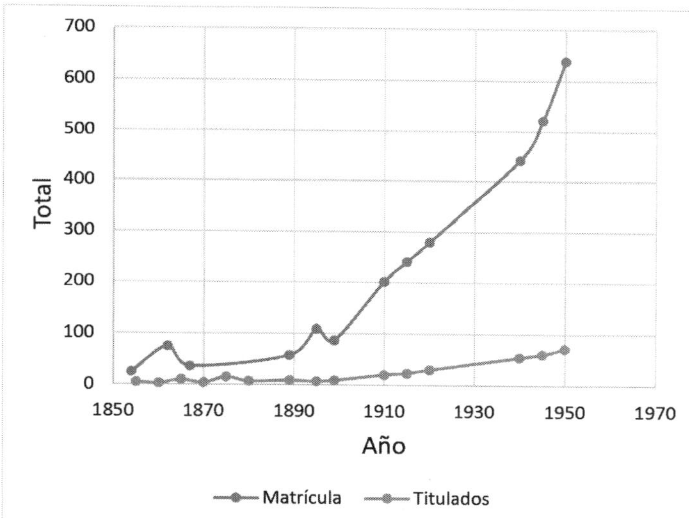

Evolución de la matrícula total y el número de titulados de las carreras de ingeniería de la Universidad de Chile. Elaboración propia a partir de datos de matrícula de Alejandro Andonaegui, Diego Barría y Jorge Mardones.

---

del Instituto Nacional entre 1857 y 1867. Para más detalles ver: Sol Serrano, *Universidad y Nación, Chile en el siglo XIX*. p 100.

42 De Ramón Armando, Acevedo Fagalde Ema, Valdivieso Patricio y Branchi Ana María. *Biografías de Chilenos, 1876-1973: Miembros de los Poderes Ejecutivo, Legislativo y Judicial*, Tomos I, II, III y IV. Santiago de Chile, Editorial Universidad Católica, 1999.

43 Biblioteca Nacional de Chile. *Diccionario biográfico de Chile*. Disponible en: Diccionarios Biográficos e Históricos. Memoria Chilena. Disponible en: http://www.memoriachilena.gob.cl/602/w3-article- 93266.html

44 Biblioteca Nacional de Chile. *Diccionario histórico, biográfico y bibliográfico de Chile*. Disponible en: Diccionarios Biográficos e Históricos. Memoria Chilena. Disponible en: http://www.memoriachilena.gob.cl/602/w3-article-93267.html

Se observa en la Figura 6 que los ingenieros con vínculos de poder se mantienen relativamente estables durante el siglo XIX. Se puede observar un aumento de los titulados sin redes de poder durante las décadas de los años 1860-1880. Esto es consistente con la hipótesis que, para solventar la crisis de la baja matrícula de ingenieros, se fomentó el ingreso de estudiantes de capas medias a esta carrera.

Figura 6: Redes de Poder.

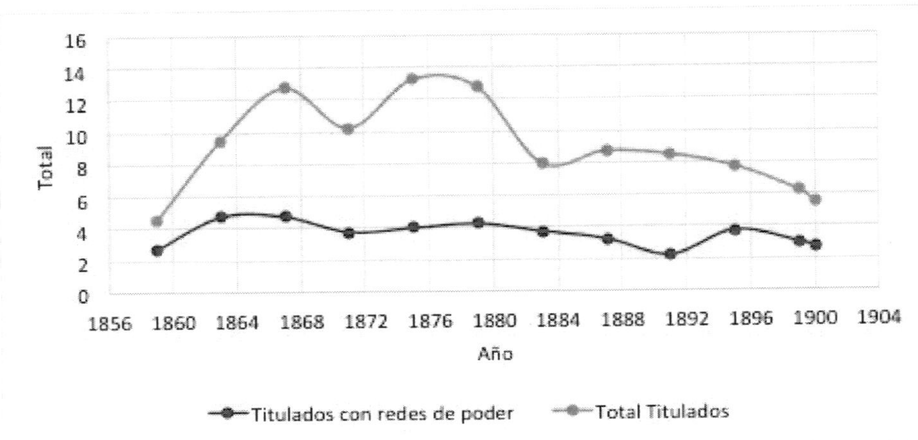

Promedio cada 4 años del número de titulados y el número de ingenieros con redes de poder. Elaboración propia a partir del Índice de Profesionales, las biografías de Armando de Ramón y los diccionarios biográficos de Pedro Pablo Figueroa y Virgilio Figueroa.

Finalmente, es interesante conocer la evolución del número de ingenieros en comparación con las otras dos carreras de prestigio social que existían en el periodo, la abogacía y la medicina. Hay que leer el gráfico de la Figura 7 considerando que los abogados eran casi todos chilenos, los médicos de manera muy mayoritaria, pero los ingenieros, cerca del 40% eran extranjeros en el periodo (ver Figura 8).

Figura 7: Ingenieros Médicos Abogados.

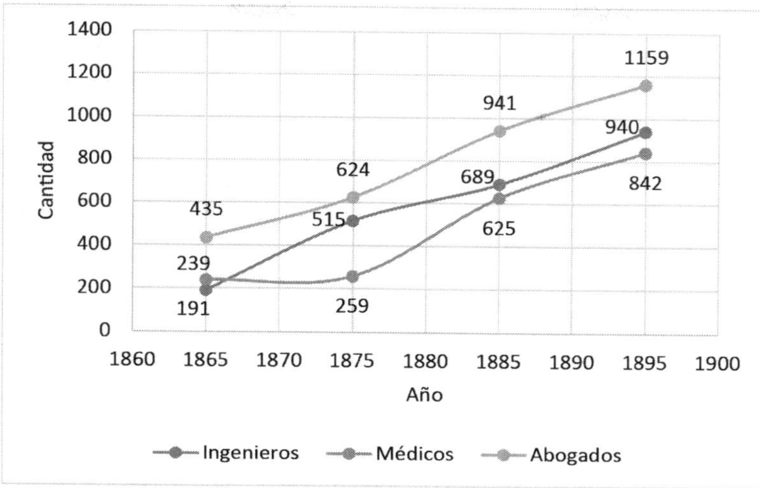

Número de ingenieros, médicos y abogados en Chile en el periodo.
Fuente: Parada-Hoyl desde los censos. Desde 1875 incluye agrimensores e ingenieros.

Figura 8: Extranjeros - Chilenos.

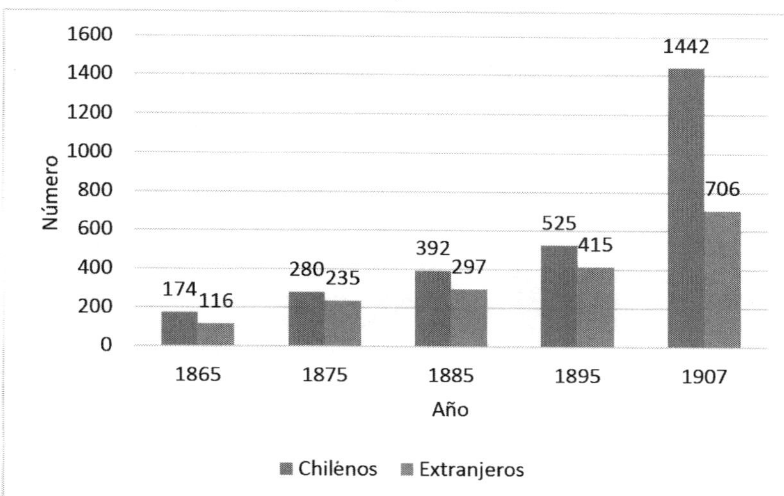

Ingenieros extranjeros versus chilenos trabajando en Chile en el periodo. De los extranjeros, la mayoría provenía de Inglaterra (más de la mitad de los extranjeros), Alemania, Francia, Bélgica y Estados Unidos. Es importante indicar que en los censos chilenos desde 1875 se incluye agrimensores (el censo de 1865, que los diferencia, indica que había 99 agrimensores y 191 ingenieros).
Fuente: Elaboración propia a partir de los censos de población de 1865, 1875, 1885, 1895 y 1907.

1.4. Evolución del número de ingenieros

Presentamos como cierre de la sección algunos datos que pueden ayudar al lector a contextualizar la evolución cuantitativa de los ingenieros en el periodo. Comparamos la evolución del número de ingenieros en Chile con otros países europeos cuyo modelo de ingeniero fue similar al chileno, o que incluso, en casos como Francia y España, se siguieron sus programas de estudios (por ello no incluimos a Inglaterra y Estados Unidos). Finalmente, mostramos unas curvas que correlacionan el número de ingenieros con el aumento de su población.

A continuación mostramos una tabla comparativa de números de ingenieros en diferentes países. Para el caso de Alemania y Francia, Göran Ahlström, en su estudio de los ingenieros alemanes y franceses, calcula el número de ingenieros en la sociedad que contaban con estudios de educación superior en el periodo[45]. La población de ambos países fue obtenida desde la base de datos *Maddison Project Database 2020*[46]. A partir de dichos valores, se estima el número de ingenieros de ambos países[47]. Para el caso de España se revisaron los censos de población de 1850, 1867, 1877, 1887, 1897, 1900 y 1910, los cuales se encuentran disponibles en el Fondo Documental del Instituto Nacional de Estadísticas (INE)[48]. Los censos de 1877, 1887, 1900 y 1910[49] reportan un total de 5.414, 5.480, 5.414 y 7.123 arquitectos e ingenieros respectiva-

45 Göram Ahlström (1978). "Higher technical education and the engineering profession in France and Germany during the 19th century", *Economy and History*, 21:2, 51-88, DOI: 10.1080/00708852.1978.10418955. Datos en pp. 60-61.

46 *Maddison Project Database*, version 2020. Bolt, Jutta and Jan Luiten van Zanden. Disponible en: https://www.rug.nl/ggdc/historicaldevelopment/maddison/releases/maddison-project-database-2020. Esta base de datos posee además una estimación de la evolución del PIB per cápita durante los siglos XIX y XX para más de 169 países. Un estudio interesante no abordado en nuestro trabajo es el análisis de la evolución de la curva del PIB per cápita en Chile y el número de ingenieros, comparando esta realidad con los modelos francés y español.

47 Ahlström estima el número de ingenieros en intervalos de 5 años. Para este estudio se ha considerado el extremo inferior para cada intervalo. Por ejemplo, Ahlström indica un total de 7.100 ingenieros para el periodo 1850/1854, por lo que consideramos un total de 7.100 ingenieros en 1850, de manera de facilitar la comparación con el caso chileno y español.

48 *Censos de población*. Fondo Documental del Instituto Nacional de Estadística (INE) de España. Disponible en: https://www.ine.es/inebaseweb/libros.do?tntp=71807

49 El censo de población de 1850 no considera las profesiones de sus habitantes. Para el censo de 1867 no fue posible distinguir las categorías de las profesiones en el documento digitalizado en el fondo documental. Por otra parte, el censo de 1897 reporta resultados provisionales, los cuales no contemplan el desglose de las profesiones.

mente. Si bien esta información no detalla la proporción de ingenieros y arquitectos en cada año, consideramos que es una buena estimación para comparar los resultados. Para el caso chileno, el aumento del número de ingenieros se obtuvo basado en los censos de población de 1865, 1875, 1885, 1895 y 1907, los cuales reportan 290, 515, 689, 940 y 2.148 ingenieros respectivamente[50].

Finalmente, los países comparados tienen poblaciones muy disímiles. Por ello es bueno ponderar los datos de la Tabla 1 (al menos) por población[51]. Es lo que hacemos en la Figura 9, que muestra la evolución de la "densidad" de ingenieros de cada país, definida como el número de ingenieros por cada 100.000 habitantes.

Tabla 1: Estimación del número de ingenieros en diferentes países entre 1835 y 1905. En la columna Chile indicamos entre paréntesis el número de ingenieros chilenos (que también incluye agrimensores hasta 1895). También en varios casos indicamos el año del censo (o dato) considerado. Para España los censos incluyen también arquitectos.

Año	Chile	España	Francia	Alemania
1835	-	-	-	550
1845	-	-	-	2.600
1855	-	-	8.200	5.600
1865	290 (170 Ch)	-	11.100	10.500
1875	515 (280 Ch)	5.414 (1877)	14.700	19.600
1885	689 (392 Ch)	5.480 (1887)	19.700	30.300
1895	940 (525 Ch)	5.414 (1900)	26.500	41.500
1905	2.148 (1.442 Ch; 1907)	7.123 (1910)	28.800 (1900)	48.600 (1900)

50 Los datos de los censos de 1865, 1875, 1885 y 1895 corresponden al número de ingenieros y agrimensores. Para el censo de 1907 solo se considera a los ingenieros (nacionales y extranjeros).

51 Evidentemente sería interesante ponderarlos por otros indicadores también. Ya en 1877 el diputado Pedro Montt se hacía la pregunta: "Si en el año 45 las rentas nacionales no llegaban a un millón de pesos, y con cuatro ingenieros bastaba, ahora que el Estado tiene de renta 40 millones, ¿cuántos ingenieros se necesitarán?" (Cit. por Villalobos *et al.*, *Historia de la Ingeniería*, p. 124).

Figura 9: Densidad de Ingenieros.

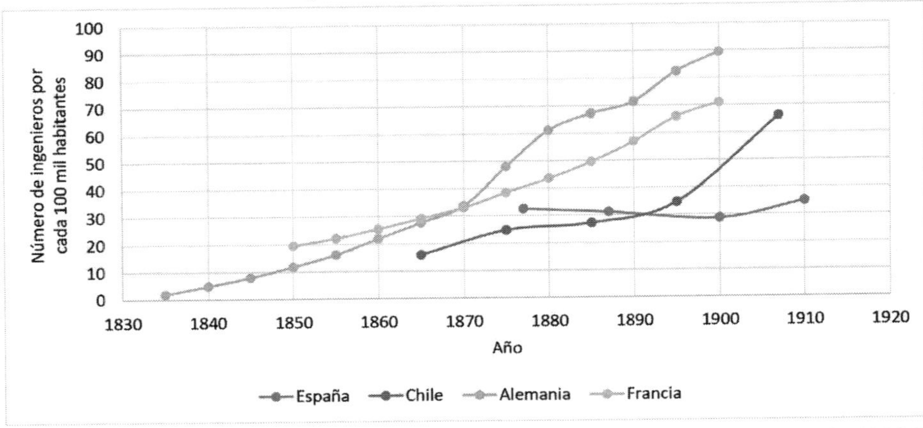

Densidad de ingenieros por número de habitantes (número de ingenieros cada 100.000 habitantes).
Fuente: Elaboración propia a partir de los datos de la Tabla 1.

Capítulo 2
La Enseñanza de la Ingeniería previo a la creación de la Ingeniería Universitaria (1843-1853)

La década de los años 1840 es crucial para el destino de los estudios de ingeniería en Chile, pues se reúnen allí diversos afluentes que cristalizaron en el modelo que decantó a comienzos de la década siguiente. En lo que sigue presentaremos los primeros programas de estudios de ingeniería; luego el caso de las dos disciplinas cuya enseñanza se desarrolla en la frontera de la ingeniería: la arquitectura y las artes y oficios; y terminaremos con los debates contemporáneos sobre el carácter de la enseñanza, particularmente de los temas ingenieriles y técnicos.

2.1. Primeros estudios de ingeniería: la Academia de Gorbea y los Liceos provinciales

Los estudios que corresponden a la ingeniería propiamente tal comienzan a estructurarse con la llegada al país del ingeniero español Andrés Antonio Gorbea[52]. En 1832 Gorbea propuso el siguiente curso (programa) de matemáticas para el Instituto Nacional (que en aquel momento estaba a cargo de la enseñanza secundaria y superior), que, como veremos, es un programa para formar ingenieros:

[52] Andrés Antonio Gorbea (1792-1852) llega a Chile en 1826 contratado en Europa por el Gobierno. Es responsable de la introducción en Chile de la enseñanza de las matemáticas superiores y de la ingeniería. Una clásica biografía de Gorbea en: Salustio Fernández, Manuel, "Don Andres Antonio de Gorbea", *Anales de la Universidad de Chile*, mayo de 1861, pp. 645-683; y "Rectificaciones a la Biografía", *Anales*, diciembre de 1863, pp. 808-811.

Primer año: Aritmética, Álgebra y Geometría;
Segundo año: Geometría Analítica, Cálculo de las probabilidades y Trigonometría;
Tercer año: Ecuaciones Superiores, Series, Geometría Sublime y Cálculo Diferencial;
Cuarto año: Cálculo Integral, Estática y Dinámica (subalternas: Geometría descriptiva y Topografía);
Quinto año: Hidrostática, Hidrodinámica e Hidráulica (subalterna: Astronomía);
Sexto año: Arquitectura Civil, Fortificación y Minería (subalterna: Geodesia).

La propuesta, probablemente demasiado avanzada para la mentalidad de los gobernantes esos años, no fue considerada[53].

En una línea más práctica sobre temas mineros, en la década de los años 1830 se establecen los estudios de Matemáticas, Química y Mineralogía en el Colegio de Coquimbo. Para ello el Gobierno contrata en Europa al ingeniero polaco, formado en Francia, Ignacio Domeyko, quien comienza sus cursos en 1838[54]. En esta misma línea de cubrir las necesidades de la minería, en 1844 se abre en el Instituto Nacional un curso de ensayadores, para lo cual se contrató en Europa como profesor a Leon Crosnier[55].

Sin embargo es la dictación en 1842 de la Ley de caminos, canales, puentes y calzadas que creó el Cuerpo de Ingenieros, la que establece los comienzos de la enseñanza sistemática de la ingeniería. El regla-

53 Domingo Amunátegui Solar, *Los primeros años del Instituto Nacional (1813-1835)*, Santiago de Chile, Imp. Cervantes, 1889, p. 81. Compárese esta propuesta con el programa para Agrimensores establecida por el decreto del 15 de enero de 1831: "Art. 1º Para solicitar el título de Agrimensor General de la República, se necesita haber estudiado Aritmética, Álgebra, Geometría Especulativa, Trigonometría rectilínea, Geometría práctica, Geometría Descriptiva, Topografía y Dibujo; y haber sido examinado y aprobado de ellos en el Instituto Nacional". En 1842 (decreto del 30 de abril) se agrega el ramo de Trigonometría esférica. Decreto reproducido en: Eulogio Allendes, *óp. cit.*

54 Ignacio Domeyko (1802-1889) estudió en la Escuela de Minas de París. Llegó a La Serena en 1838 para enseñar física, química, metalurgia, mineralogía y geología. Su figura ha sido objeto de numerosos estudios. Entre ellos: M. L. Amunátegui, *Ignacio Domyeko*. Impr. de la República, 1867. Números especiales de los *Anales de la Universidad de Chile: 150 Aniversario del Nacimiento de Domeyko*, Números 90, 91 y 92, 1953; *200 años del natalicio de Ignacio Domeyko*, Sexta Serie, No. 14, 2002. Zdzislaw, Jan Ryn. *Ignacio Domeyko. La vida y la obra*. Edit. Universitaria - Edic. UC, 2015.

55 León Crosnier fue un ingeniero de minas francés que llegó a Chile en 1843 contratado por el Gobierno. Ver: Ignacio Domeyko, "Sobre los objetos i trabajos científicos del antiguo profesor del Instituto de Santiago Don León Crosnier". *Anales de la Universidad de Chile*, 1856, pp. 197-202.

mento del Cuerpo de Ingenieros Civiles (8 agosto 1843) disponía en su artículo 32 que, en palabras de Ernesto Greve:

> los empleados que desempeñasen un puesto de ingeniero civil, además de los conocimientos que, como agrimensores, debieran poseer, se perfeccionarían en otros, asistiendo para ello a los cursos correspondientes a una serie de ramos que, bajo la dirección del jefe de servicio, debían cursar en la misma oficina. Entre estas clases, que haría el director del Cuerpo de Ingenieros Civiles, figuraba: geodesia y aplicaciones de la geometría descriptiva y del análisis a la construcción de cartas geográficas; cálculo diferencial e integral, dibujo, mecánica racional y geometría descriptiva; física, geodesia, mineralogía, mecánica aplicada y arquitectura; materiales de construcción, ferrocarriles y conducción de aguas por conductos y cañerías y su distribución en las poblaciones; puentes, formación de puertos de mar, muelles, etc. [56]

A los ojos de los contemporáneos, "el nuevo servicio iba a desempeñar el rol de una especie de academia [...] pues la Universidad de Chile –encargada por la Ley de tal tarea– no se encontraba aún en condiciones de hacerlo"[57]. Todo indica que esta "verdadera universidad", como la denomina Greve, funcionó hasta la muerte de Andrés Gorbea en 1852, quien tenía a cargo esa enseñanza.

Otra iniciativa temprana de enseñanza sistemática de ingeniería se da en provincias. Desde 1851 se permitió que algunos liceos provinciales (La Serena 1851, Copiapó y Concepción 1864) dictaran cursos de ingeniería con tal de descentralizar la enseñanza de Santiago y fomentar la formación de profesionales que pudieran tener un impacto positivo en sus provincias. Sin embargo su matrícula siempre fue escasa y la mayoría de estos cursos de ingenieros serían suprimidos hacia fines del siglo XIX[58].

Presentaremos el caso de La Serena, que es el más relevante. El plan de estudios del Liceo, aprobado el 25 de julio de 1850 y dictado con la firma del Presidente de la República, considera un curso (es decir, una

[56] Ernesto Greve, *Historia de la Ingeniería en Chile*, Tomo II, pp. 379-80.

[57] Ministro Ramón Luis Irarrázaval en 1843. Citado en Greve, *óp. cit.*, Tomo II, p. 381.

[58] Gonzalo Ampuero Brito. "La enseñanza de la minería en La Serena. Los inicios (1821-1887)". En: Claudio Canut de Bon (Edit.), *La Escuela de Minas de La Serena*. Edit. Universidad de La Serena (2019) pp. 65-83. (el art. 10 del programa citado tiene errores). Universidad Técnica del Estado. *Boletín Centenario Escuela de Minas de Copiapó 1857-1957*. Folleto, Artes y Letras Impresores, 1957. 33 pp. Colejio provincial de Concepcion. *Anales de la Universidad de Chile*, 1915, (73), tomo 136 ene.-jun. pp. 817-890.

línea de estudios) de Ciencias Físicas y Matemáticas, que estaba dividido en dos periodos de tres años cada uno. En el primer periodo "se estudiará científicamente aritmética, álgebra, geometría y trigonometría rectilínea", y además religión, geografía y gramática castellana, francés o inglés e historia. Y en sus artículos 9 y 10 señala:

> Art. 9. Los alumnos que pretendieran hacer los estudios de matemáticas para obtener el título de agrimensor, estudiarán en el 1er. año del 2do. periodo geometría analítica, secciones cónicas, física e historia; en el 2do. geometría descriptiva, topografía y dibujo topográfico, física, historia y literatura.
>
> Art. 10. Los que pretendieran hacer los estudios necesarios para obtener el título de ingenieros de minas estudiarán en el 1er. año trigonometría esférica, historia, química y física; en el 2do. geometría descriptiva y topografía, historia, literatura, física, tratado de ensayes, metalurgia y explotación de minas; en el 3o., metalurgia, mineralogía, explotación de minas, geología y mensura de minas[59].

Los planes y programas eran supervisados a través de un "delegado universitario" por la Universidad de Chile, institución que estaba encargada de otorgar los títulos y grados profesionales. El delegado para La Serena hasta 1867 fue Ignacio Domeyko.

El programa indicado estuvo vigente hasta 1864, cuando el curso de ingenieros de minas también comenzó a dictarse en Copiapó, y en La Serena y Concepción se abrió un curso de ingenieros geógrafos[60]. Para la ingeniería de minas se requería haber cursado los cinco años del curso preparatorio de Matemáticas.

El programa de ingenieros de minas según el decreto de 1864 era:

Primer año: Química, física, álgebra superior y geometría de tres dimensiones.
Segundo año: Mineralogía, geología, docimasia y geometría descriptiva.
Tercer año: Metalurgia, topografía, mecánica, dibujo topográfico y de máquinas.
Cuarto año: Explotación y mensura en minas y práctica en el laboratorio[61].

59 Decreto de 25 julio de 1850. *Boletín de Leyes*, Tomo VI. pp. 343-346.

60 Boletín de Instrucción Pública. "Injeniero Jeógrafo". *Anales de la Universidad de Chile*, 1864, Tomo 25, pp. 855-888. Plan de estudios en las páginas 885 y 886.

61 Decreto 26 de diciembre de 1864. *Boletín de Leyes*, 1864, t. 32, p. 434.

El programa de ingenieros geógrafos era:

Primer año: Álgebra superior, Geometría de tres dimensiones, Física y Química.
Segundo año: Geometría descriptiva, Topografía y Dibujo topográfico.
Tercer año: Cálculo diferencial e integral, Mecánica y dibujo de máquinas.
Cuarto año: Geodesia y Astronomía.

En el mismo decreto se indicaba que el liceo de La Serena tendría cuatro profesores: uno enseñará geometría descriptiva, álgebra superior, geometría de tres dimensiones, topografía y dibujo topográfico; el segundo: metalurgia, docimasia, química y física, y será el director del laboratorio; el tercero: mecánica y dibujo de máquinas, explotación, mensura de minas, mineralogía y geología; el cuarto: cálculo diferencial e integral, geodesia y astronomía. Estos cursos se eliminaron en 1896 argumentando razones económicas y pocos alumnos.

2.2. El curso de Arquitectura y las ingenierías

La enseñanza sistemática de la arquitectura comienza ligada a los estudios matemáticos. En el sexto año del curso de matemáticas del Instituto Nacional, en 1832, ya aparece como materia principal "Arquitectura civil, fortificación y minería". Sin embargo es en 1849 que se crea la "Clase de Arquitectura" para "generalizar en Chile el conocimiento de este arte y formar arquitectos que puedan sin socorros extraños satisfacer las necesidades del país". La duración del curso era de tres años, "distribuida de manera que durante ellos pueda seguirse el de matemáticas superiores y estudiarse la geometría descriptiva"[62]. La Escuela quedó sometida en su parte teórica a la Facultad de Ciencias Físcias y Matemáticas y su clase como enseñanza superior del Instituto Nacional[63].

El encargado de cumplir lo anterior fue el arquitecto francés Claude-François Brunet de Baines, contratado en 1848[64]. Brunet de Baines

62 Decreto del 17 de noviembre de 1849. *Anales de la Universidad de Chile*, 1849, p. 59.

63 Myriam Waisberg. "Creación y primera etapa 1849-1899. La clase de arquitectura y la sección de bellas artes". En: *Ciento cincuenta años de enseñanza de la arquitectura en la Universidad de Chile 1849-1999*. Edic. Facultad de Arquitectura y Urbanismo, Univ. Chile. 1999, p. 37.

64 Brunet de Baines (1799-1855) estudió en la Escuela de Bellas Artes de París. Llegó a Chile en 1848 y falleció en Santiago poco antes de terminar su contrato. Ver notas biográficas en: *El Curso de Arquitectura*. Edic. Facsimilar, Fac. Arquitectura y Urbanismo, Universidad de Chile, 2008.

propuso un plan de estudios enfocado en la formación artística, donde los cursos de carácter científico se incluyen como un complemento necesario, pero secundario. Amarí Peliowski lo describe así:

> El curso incluía una "historia resumida de la arquitectura y sincronismo de los hechos históricos desde el origen del arte hasta la época del Renacimiento en Italia" –que en sus "divisiones principales" consideraba, sin embargo, llegar hasta el "siglo de Louis XIV y de Louis XV en Francia"–. Luego, contenía un ramo de "teoría del arte arquitectónico deducido del estudio de los monumentos antiguos y de los diversos tratados de arquitectura que tienen más autoridad", y un "análisis de los principales monumentos de las diversas épocas corroborados por ejemplos las teorías repasadas"; un "curso de dibujo lineal arquitectónico comprendiendo el ornamento aplicado a los monumentos" y una "aplicación de la arquitectura y de las teorías al arte de construir, o curso práctico de construcción". Este último ramo –estipulaba– "supone conocimientos matemáticos, y nociones de física y de química"[65].

Este programa original fue posteriormente modificado y ampliado para incluir nuevos conocimientos que comprendían, también en la descripción de Peliowski:

> [...]"la lengua del país", "bastante latín para comprender una inscripción y traducir los autores que han escrito sobre la materia", y "la historia de los diferentes pueblos y principalmente historia antigua". Se sumaba, también, una sección de "conocimientos especiales", que incluían "las matemáticas, comprendida la aritmética, la geometría descriptiva, un poco de física, de química y de geometría elemental, un poco de álgebra y de geología, los principios de estas tres últimas ciencias solamente", "los principios del dibujo lineal y de las figuras" y "un poco de estática, si es posible"[66].

El programa fue criticado debido a su fuerte orientación humanista. Ante esto, el Consejo Universitario de la Universidad de Chile propuso (seguimos a Peliowski):

65 Amarí Peliowski, "Lo bello o lo útil. Ideologías en disputa en torno a la creación del primer curso universitario de arquitectura en Chile, 1848-1853". *Historia* (Santiago) Nº 51, vol. II, julio-diciembre 2018: 485-515. Cita en p. 496.

66 *Ibidem*, cita en p. 497.

> [...] en primer lugar, la supresión de materias inútiles o excesivas que se caracterizaban por "no ser de mucha aplicación entre nosotros": historia de la arquitectura, latín, y física, química y geología.
>
> En segundo lugar, se propuso la vinculación de la formación en arquitectura con la de la agrimensura, "en atención a que separadas estas dos carreras y sobre todo la última son bien poco lucrativas en nuestro país, mientras que unidas pueden proporcionar una renta suficiente, aún en las provincias, a los que las abracen"[67].

Es así como el plan de 1849 quedó finalmente fijado por los artículos 2, 3 y 4 del decreto de 1849. Este exigía, primero, que quienes quieran cursar la clase de arquitectura y pretender el título de "arquitecto civil", deben tener como preparación obligatoria el curso de matemáticas del Instituto Nacional; segundo, que pueden cursarlo quienes sepan aritmética y geometría (sin haber aprobado el curso del Instituto), pero estos no podrán obtener el título de arquitecto; y tercero, la duración del curso será de tres años[68].

La carrera de arquitectura quedó incorporada a las carreras de ingeniería creadas en 1853, y que estudiaremos en la siguiente sección. En ese plan de estudios de 1853, elaborado por Domeyko, los aspirantes al curso de arquitectura debían:

1. Presentar certificados de haber rendido examen de aritmetica, áljebra i jeometria elementales, trigonometría rectilínea, física i química elementales, gramática castellana, jeografia, relijion, dibujo lineal i de ornamento, y
2. Seguir un curso bienal de arquitectura en la Universidad, y seis meses de práctica, bajo las órdenes del profesor, debiendo durante este tiempo, estudiar elementos de geometría descriptiva[69].

La clase de arquitectura tuvo pocos alumnos, de hecho, solo 6 en la primera clase, de los cuales ninguno se tituló. Su desarrollo fue irregular, tanto por los pocos alumnos como por las actividades profesionales de los profesores, que los alejaban de su docencia. Hacia fines de la década de los años 1850 se crea la Sección de Bellas Artes, y allí se incorpora la clase de Arquitectura, aunque el título seguía siendo

[67] *Ibidem*, cita en p. 497.

[68] Decreto 17 de noviembre de 1849. *Anales de la Universidad de Chile*, 1849, pp. 59-60.

[69] Leyes i Decretos del Supremo Gobierno. Octubre, Noviembre i Diciembre de 1853. *Anales de la Universidad de Chile*, 1853, pp. 499-510. Plan de estudios de 1853 en pp. 499-502.

dado por la Facultad de Ciencias Físicas y Matemáticas. El interés por la profesión seguía siendo muy menor. Como informaba el Ministro del ramo: "En cuanto a la clase de arquitectura, el profesor de ella, por falta de alumnos que quieran exclusivamente dedicarse a este ramo, ha tenido que limitar la enseñanza al mero curso de construcción para los aspirantes a la profesión de ingenieros civiles de puentes y caminos"[70].

En este periodo hasta 1896, en que se titularon solo 2 arquitectos, como escribía la historiadora de la arquitectura en Chile, Myriam Waisberg, "no quedan claramente establecidos los límites del curso de Arquitectura". De hecho, la carrera de ingeniería comprendía en sus últimos años cursos de arquitectura y construcción. En 1896 se dicta un nuevo plan de estudios y en 1900 la carrera de arquitectura queda bajo la tuición de la Facultad de Ciencias Físicas y Matemáticas[71].

2.3. El debate sobre el carácter de la enseñanza de los temas ingenieriles y técnicos en la década de los años 1840: técnicos e ingenieros

Durante la década de los años 1840 se debate y se estructura el modelo educacional superior que perdurará en el país. Para los temas que nos ocupan aquí (la enseñanza superior en temas de ingeniería), es relevante el debate Domeyko-Varas sobre el carácter de la enseñanza. Ignacio Domeyko, que ya tenía alguna experiencia enseñando en el país, envió al Gobierno en 1843 una memoria sobre una propuesta de organización de los diferentes niveles de la educación. La memoria publicada en el *Semanario de Santiago* produjo mucho impacto y motivó un célebre debate con el entonces Rector del Instituto Nacional, Antonio Varas[72].

70 Memoria presentada al Congreso por el Ministro Federico Errázuriz, 14 de agosto de 1865. *Anales de la Universidad de Chile*, p. 166.

71 M. Waisberg, *óp. cit.* p. 46.

72 Ignacio Domeyko. "Memoria sobre el modo más conveniente de reformar la instrucción pública en Chile". *El Semanario de Santiago*, núm. 26 (diciembre 29 de 1842) y núm. 27 (enero 5 de 1843). Antonio Varas. "Observación a la Memoria sobre instrucción pública". *El Semanario de Santiago*, núm. 28 (12 de enero 1843), núm. 30 (26 de enero 1843) y núm. 31 (2 de febrero 1843). Es interesante señalar que Antonio Varas se tituló de agrimensor y de abogado.

Domeyko plantea al inicio de su memoria su concepción de la educación en general: un sistema "libre de toda vanidad nacional y de las miras materiales", cuyos objetivos son "el bien moral del país, la estabilidad del orden y de las instituciones, la formación del carácter nacional y el desarrollo progresivo de las más nobles inclinaciones de los habitantes". Esta educación debe estar sustentada "en los principios de la verdadera religión, en un sistema de estudios bien arreglado, uniformado en todas las partes de la nación, y adoptado a las necesidades morales de todas las clases". Nótese los énfasis en lo moral y el disciplinamiento social por sobre lo material y lo productivo. De estos principios deduce su ya célebre modelo de educación segregada:

> [H]abiendo en Chile como en todas las naciones del mundo, dos clases (no hablo de las clases privilegiadas, porque aquí no las hay ni debe haber) que son:
>
> 1. La clase pobre que vive del trabajo mecánico de sus manos y a la cual ni el tiempo, ni el retiro en que vive, ni sus hábitos, costumbres y ocupaciones permiten tomar parte efectiva en los negocios públicos, aunque la Constitución les diese facultad para esto.
>
> 2. La clase que desde la infancia se destina para formar el Cuerpo Gubernativo de la República, y que por esto influye directamente en todo lo que pueda suceder de bueno o de malo a la Nación.
>
> La instrucción pública debe también dividirse en dos ramos, que son: Instrucción primaria para la primera. Instrucción superior para la segunda clase[73].

Esta concepción general de la educación, como veremos, ordenará de manera muy determinante el perfil de la carrera de ingeniería en las primeras tres décadas de su existencia. Para los estudios universitarios, en su memoria Domeyko tiene en mente el ejemplo de Alemania. Respecto del proyecto de universidad presentado por el gobierno, plantea que ella debiera ser docente (y no solo academia como aparecía en el proyecto). También propone separar la enseñanza colegial de la universitaria, que en ese momento estaban juntas en el Instituto Nacional. Estas concepciones de Domeyko (salvo el tema de la universidad docente) eran com-

[73] Domeyko, *óp. cit.*, núm. 26, pp. 1-2.

partidas por Bello y por quienes se hicieron cargo de la Universidad de Chile[74].

Sin embargo había fuertes opositores tanto a la lógica clasista y centralista de Bello-Domeyko, pero sobre todo a su subvaloración de la necesidad de educación técnica. Por un lado están las ideas de Antonio Gorbea, que veía la necesidad de estudios científico-técnicos para toda la población, y en particular la necesidad de formar ingenieros prácticos. Esto condujo a la formación del Cuerpo de Ingenieros Civiles, a que nos referimos anteriormente. Por otro lado, había gente como Antonio Varas, Manuel Montt y Domingo Faustino Sarmiento que abogaban por una enseñanza técnica generalizada y distribuida a lo largo del país. En efecto, en su respuesta a la propuesta de Domeyko, el rector Varas se muestra en las antípodas del modelo de Domeyko. Primero, piensa que la educación no debe perder de vista los conocimientos útiles que producen el bienestar material:

> La mejora moral del hombre, he aquí el objeto principal de la instrucción pública y que jamás debe perderse de vista. Pero el señor Domeyko no solo considera esta mejora como el objeto principal: parece que mira como de muy poca importancia la adquisición de conocimientos útiles y que habiliten al hombre para aumentar su bienestar material[75].

A continuación Varas critica en la propuesta de Domeyko el que no se le dé al ciudadano una formación práctica junto a la formación moral, particularmente en los ramos de comercio, industria y agricultura. También el ministro de Justicia, Culto e Instrucción Pública, Salvador Sanfuentes, apuntaba al fondo de ese problema:

> En Alemania, en Inglaterra, en los Estados Unidos de América, donde ha llegado a su mayor auge la industria y donde a millares existen establecimientos particulares, propios para producir en su seno gran número de buenos trabajadores, podrá considerarse dispensada la autoridad pública de intervenir en la educación industrial del pueblo; mas en la América meridional, en Chile donde son tan limitados los ramos de fabricación que se conocen, donde aun estos ramos han hecho todavía tan

[74] Carlos Ruiz-Schneider, *De la República al Mercado. Ideas educacionales y políticas en Chile*. Edit. LOM, 2010. Cap. II. Claudio *Gutiérrez. Educación, ciencias y artes en Chile, 1797-1843. Revolución y contrarrevolución en las ideas y políticas*. Edit. RIL, 2011. Cap. 3

[75] Antonio Varas. *Óp cit*. Núm. 28.

pocos progresos, ¿no será hasta cierto punto culpable una administración que pretendiese eximirse de tomar en esto la iniciativa?[76].

Este debate será muy relevante para el futuro modelo sobre la educación en asuntos técnicos y de ingeniería. Al final, como veremos, predominó el modelo de Bello-Domeyko, con sus sesgos de clase y disciplinares.

Respecto de las ingenierías propiamente tales, el 22 mayo 1844, a pedido del ministro Manuel Montt, Domeyko entrega al gobierno un informe sobre el estudio de la enseñanza de la minería. Este informe es muy relevante para nuestro estudio, pues allí se delinea en gran parte la orientación que tomarán las ingenierías en Chile. Podría considerarse como una adaptación a la realidad local de la concepción de la Escuela de Minas de Francia.[77] El informe también se publicó en el periódico *La Gaceta de Tribunales*, donde el editor la introduce con el siguiente texto, que pone en el centro el tema de la relación entre las motivaciones morales y materiales necesarias para desarrollar las carreras técnicas (en ese momento asociadas a las clases bajas):

> Entre las varias causas de la especie de abandono o poco interés con que ha sido mirado el cultivo de las ciencias físicas, ocupa el primer lugar la falta de una carrera o profesión lucrativa u honorífica, para la cual prepare. [...] es preciso ofrecer a los que a ellas se dediquen, otro estímulo que el solo deseo de saber; abrirles una carrera, lisonjearles con la idea de un lucro legítimo que les permita dar preferencia a este género de estudios sobre los demás, sin renunciar a la esperanza de comodidades y del descanso que todos apetecen, y que otra ocupación satisfaría, ni mucho menos prometerles privaciones en recompensas a sus afanes.
>
> De aquí la necesidad de organizar los estudios de estas ciencias de manera que conduzcan a una profesión en que, junto con la importancia que debe dársele, gocen los que la abrazen, otro orden de ventajas, menos elevado si se quiere, pero no menos apetecido. [...] A este objeto se dirige el proyecto de establecer en el Instituto Nacional y en el Colegio

[76] Citado por Eduardo Castillo. *La* EAO, p. 40.

[77] Ignacio Domeyko envía al ministro Montt el "Proyecto para el arreglo de las profesiones científicas" y dos reglamentos, uno del Cuerpo de Ingenieros de Francia, y el otro de la Escuela de Minas de París. En: *Archivo Nacional, Fondo Ministerio de Educación*, vol. 14 [copiador], foja núm. 46. El proyecto se reproduce también en la revista *La Gaceta de los Tribunales y de la Instrucción pública*, núm. 145, (23 de noviembre 1844) pp. 3-4; núm. 146 (30 de noviembre 1844), pp. 3-4.

> de Coquimbo, un curso de estudios que habilite para obtener el título de ensayador y el de ingeniero o perito en minas[78].

En la misma presentación de Domeyko aparecen dos temas que permanecerán en la concepción de la enseñanza de la ingeniería en Chile por muchas décadas. Por una parte, la ingeniería debe ser una carrera con estatus y prestigio social. Por otro lado, se introduce la crucial distinción entre profesiones "particulares" y "de Estado", esto es, unas dejadas a los particulares y al mercado, y las otras planificadas, apoyadas y reconocidas por el Estado. En el caso de la ingeniería, según Domeyko, eso dependerá de las especialidades. Profesiones de Estado serán las civiles, geógrafas, de minas. Quedan fuera de la preocupación del Estado las ingenierías de temas mecánicos (recordemos: "la clase pobre que vive del trabajo mecánico de sus manos"), beneficiarios de metales, arquitectos, y oficios de artes e industrias. Esto ayuda a entender mejor las especialidades y las definiciones del primer plan de estudios de la carrera de ingeniería en la Universidad de Chile (y probablemente el devenir de toda la ingeniería chilena).

Domeyko ilustra bien su modelo con el caso de la minería, que es el objeto de su informe:

> Las profesiones que necesitan de la intervención del Supremo Gobierno, para dar a los que la desempeñan una fe pública y judicial son: 1o. la profesión de ensayadores; 2o. la de los peritos facultativos de minas, cuyo destino corresponde al de los ingenieros de minas en Francia, y en parte, si no me equivoco, a los destinos de los capitanes de minas en Inglaterra. [...] es de mi parecer que la profesión de los beneficiarios de metales debe estar comprendida en la misma categoría que la de los mecánicos, arquitectos y tantos otros oficios de artes y de industria que no deben someterse a exámenes ni cualesquiera otras restricciones de parte de la autoridad, a fin de que se desarrollen por sí solas, bajo el poder de los intereses de los particulares y de las ventajas que estas profesiones ofrecen tanto a los particulares como a los empresarios[79].

Respecto del campo laboral, Domeyko divisa dos ámbitos, bien delineados para los ingenieros de minas:

[78] *La Gaceta de los Tribunales y de la Instrucción Pública*, núm. 145, p. 3.
[79] Ignacio Domeyko, *Gaceta...*, *óp. cit.*

> En primer lugar, los hombres llamados a desempeñar esta profesión sirven, como ya he dicho, de agentes al poder administrativo para la observancia de las leyes y de todos los reglamentos y decretos relativos a la industria mineral. Segundo, de estos mismos facultativos pueden valerse los particulares, los propietarios de minas e ingenios para la dirección de sus establecimientos[80].

Una de las preocupaciones de Domeyko es el estatus y prestigio social de la profesión de ingeniero (de Estado), que es asunto sobre el que vuelve a lo largo de todo el informe. Este mismo tema, la falta de prestigio social de la carrera para los sectores altos de la sociedad, se había presentado años atrás respecto de la medicina.[81] Domeyko escribe:

> ...es menester asegurar a esta profesión [ingeniero de minas] ventajas reales, una renta capaz de subvenir a las condiciones de una existencia social, decente e independiente. Es innegable, que la profesión de los peritos [ingenieros] de minas por ahora no existe; es preciso crearla, proporcionándole entradas fijas, bien determinadas, y una posición social respetable[82].

80 *Ibídem*.

81 Recordemos que el informe sobre la medicina de Guillermo Blest en 1828 comienza planteando una causa que es de "considerable influencia" en el abandono de la profesión médica: "la opinión tan generalizada de que los médicos no merecen aún hoy día, ocupar un puesto distinguido en la sociedad". Y que ésta puede ser la causa de que muchos jóvenes que pudieran formar el adorno y hacer la felicidad de su país consagrando sus talentos al estudio de la medicina, se retraigan de tan útil ocupación por una preocupación tan funesta" (p. 352). G. Blest, "Observaciones sobre el estado actual de la medicina en Chile con la propuesta de un plan para su mejora". 1826. Reproducido en *Rev. Médica de Chile*, 111: 350-357, 1981.

82 *La Gaceta de los Tribunales...*, núm. 146, p. 4.

Capítulo 3
La enseñanza en la carrera de Ingeniería de la Universidad de Chile. Una breve mirada general (1853-1900)

Los antecedentes anteriores conforman la base sobre la cual se desarrollarán los estudios de ingeniería universitarios en Chile. En este capítulo daremos una visión general del periodo para ayudar a entender la organización de los capítulos siguientes.

La Universidad de Chile se creó en 1842, y comprendía cinco facultades, entre ellas la Facultad de Ciencias Físicas y Matemáticas (FCFM; originalmente en la ley "Ciencias Matemáticas y Físicas") donde una década después se alojaron las carreras de ingeniería. Según la ley que crea la Universidad, "[a]demás del fomento general de todos los ramos de este departamento científico, dedicará la facultad una atención especial a la geografía y a la historia natural de Chile, y a la construcción de todos los edificios y obras públicas"[83]. El primer rector, Andrés Bello, por otra parte, en su discurso inaugural destaca las aplicaciones "a una industria naciente y a una tierra cruzada en todos sentidos de veneros metálicos, a un suelo fértil de riquezas vegetales, de sustancias alimenticias; a un suelo sobre el que la ciencia ha echado apenas una ojeada rápida"[84]. Por su parte Ignacio Domeyko delinea ya en 1843 las áreas de una tal facultad:

> En fin, en cuanto a la facultad de ciencias, se necesitarían por ahora [a] lo menos cuatro cátedras principales: 1. Las matemáticas aplicadas a la mecánica y a la construcción de puentes y caminos; 2. La física, con principios de astronomía aplicada a la náutica; 3. La química y mineralogía aplicadas a la metalurgia; 4. La historia natural aplicada a la horticultura y economía doméstica[85].

[83] Ley del 19 de noviembre de 1842. Art. 9.

[84] Andrés Bello. "Instalación de la Universidad". *Anales de la Universidad de Chile*, 1843, pp. 139-152.

[85] *El Semanario de Santiago*, 5 de enero 1843, p. 218.

Diez años más tarde, en 1853, se decreta que "en la FCFM se enseñará los ramos de estudio necesarios para formar ingenieros geógrafos, civiles, de minas, y ensayadores generales y arquitectos".[86] No es difícil ver que las especialidades se enlazan con las tareas asignadas a la FCFM una década antes; con las ideas de Domeyko; con las experiencias del Liceo de La Serena; y con la tradición de agrimensores, que de alguna manera llenaban ese vacío, pero que también trabajaban como particulares en la mensura de terrenos.

A partir de estos inicios, el desarrollo de la enseñanza de la ingeniería en el periodo se centra principalmente en la universidad del Estado (única en el país hasta 1889), y se estructura siguiendo el modelo de las ingenierías de Estado francesas adaptadas a la "atrasada" sociedad chilena, y sigue a grandes rasgos los vaivenes propios de la situación social y económica del país. En este desarrollo distinguiremos tres periodos:

1. Fundación y dificultades iniciales (1853-1868). Se crea la carrera bajo el liderazgo de Domeyko (Gorbea había muerto recién y Bello, en la práctica, había dejado la Universidad a cargo de Domeyko). Se crean especialidades que muestran los compromisos entre el ideal con la realidad: ingeniero civil, ingenieros geógrafos e ingenieros de minas, y agrimensores y ensayadores. Los egresos se concentran fundamentalmente en agrimensores e ingenieros geógrafos. La falta de profesores y la enseñanza casi puramente teórica gatilla una crisis a mediados de la década de los años 1860, cuando caen las matrículas y los egresos. Este periodo culmina con la propuesta de reforma en 1868.

2. El impulso reformista (1868-1879). Se propone una reforma, pero no logra llevarse a cabo. Aunque con la ley de 1879 se sincera el perfil de las carreras universitarias (entre ellas la ingeniería) como un asunto de particulares más que asunto de Estado; el campo laboral de las ingenierías sigue dependiendo en gran medida del Estado. Se profundiza la separación entre lo técnico y lo científico-humanístico en los niveles de preparación para la universidad. Hay un decaimiento y estancamiento de matrículas y egresos, un aumento de la presión del mundo industrial (FF.CC., etc.) y de las obras públicas (por el *boom* salitrero) por ingenieros.

3. Los dilemas de la industrialización (1884-1899). Producto de las rentas del salitre, el impulso a las obras públicas y los intentos de industrialización de los gobiernos de Santa María y Balmaceda tensio-

[86] Decreto 7 diciembre de 1853.

nan la formación de ingenieros. Surgen propuestas de nuevos planes de estudios y se realizan dos modificaciones curriculares (1893 y 1898) en medio de una pugna entre desarrollar profesionales especializados en determinadas áreas de la ingeniería (especialismo) versus profesionales generales de ingeniería (generalismo). Se crea la Escuela de Ingeniería en la Universidad Católica.

En una apreciación global, se puede considerar que el diseño de la enseñanza de la ingeniería en el periodo estudiado abordaba múltiples objetivos y respondía a diversas realidades. Primero había un esfuerzo por formar profesionales que abordaran los temas mencionados, y en particular el vacío de personal de altos puestos de Estado en materias de obras civiles. Segundo, estaba la necesidad de sobreponerse al desprestigio o desdén que los temas ingenieriles tenían para la élite agrario-hacendal y cuyos hijos privilegiaban otras disciplinas (leyes, literatura). Esto influye ciertamente en el énfasis "científico" de los estudios, tomados del modelo del politécnico francés. Tercero, están las dificultades laborales debido a la competencia de ingenieros extranjeros, la baja experiencia de los ingenieros locales (debido a la pequeña escala del país), y al carácter casi puramente teórico de su formación. Finalmente están las dificultades propias de las disciplinas matemáticas y físicas en la época: el bajo nivel de los estudios secundarios, junto a la falta de profesores y laboratorios.

Capítulo 4
Universidad de Chile: Fundación y dificultades iniciales (1853-1868)

La carrera de ingeniería en la Universidad de Chile se crea en 1853 en un marco social y económico complejo. Como sostiene Julio Heise, la sociedad por esa época seguía siendo esencialmente agraria y de espíritu colonial, siendo el latifundio el fundamento del poder político y social de la clase alta, que vivía de la agricultura y solo le preocupa la política, la religión y "los títulos universitarios y académicos, que para la burguesía del siglo 19 reemplazarán a los títulos nobiliarios del Antiguo Régimen"[87]. En este marco social surge en Chile la carrera de ingeniero, la profesión por excelencia del nuevo mundo industrial. De esta forma, la creación de la ingeniería en la Universidad puede considerarse como una señal del surgimiento, en una élite donde predominaba una mentalidad hacendal y colonial, de una conciencia de la relevancia del ámbito técnico en la vida del país.

En este marco, no es sorprendente entonces que las ingenierías no hayan nacido junto con la Universidad en 1842, y no hayan estado siquiera en la mente de su primer rector Andrés Bello[88]. De hecho, su impulso parece haber sido esencialmente un producto importado, introducido por dos ingenieros de formación francesa: Andrés Antonio Gorbea e Ignacio Domeyko. Sostenemos que la instalación de la carrera en la Universidad representa un compromiso (tácito) entre la oligarquía hacendal (que miraba el saber científico como "delicia espiritual") y las señales (fundamentalmente europeas) de la creciente importancia del saber técnico y las nacientes iniciativas industriales en el país. Este compromiso se habría traducido en el diseño de carácter fundamentalmente teórico de la naciente carrera universitaria, que apuntaba más a un científico de alta formación en matemáticas y físicas, que a un ingeniero práctico salido

[87] Julio Heise, *150 años de evolución institucional*. Segunda edición. Edit. Andrés Bello, 1976, p. 56.

[88] Claudio Gutiérrez. *Educación, Ciencias y Artes en Chile 1797-1843. Revolución y Contrarrevolución en las ideas y políticas*. Santiago, Edit. RIL, 2011. Cap. 3.

del mundo de la industria o las obras civiles como en la tradición anglosajona, donde la teoría es una herramienta para resolver sus problemas[89].

Andrés Gorbea, decano de la FCFM y el asesor por excelencia en materias de ingeniería de los gobiernos de la época, fallece el 6 de mayo de 1852. Casi al mismo tiempo, el 3 de marzo de 1852, Ignacio Domeyko quedaba a cargo de la instrucción superior o universitaria del Instituto Nacional ("Delegado Universitario"), cargo que mantuvo hasta 1867, cuando fue elegido rector. En este marco se dicta en diciembre de 1853 el decreto que crea las ingenierías en la Universidad de Chile.

Estudiaremos en lo que sigue las características y las vicisitudes de ese plan de 1853 y las dificultades que hubo para implementarlo. Este periodo fundacional (1853-1868) presenta todas las dificultades que tuvo la introducción de una nueva disciplina, tanto en términos de perspectivas laborales para egresados, prestigio social de la nueva carrera, así como de temas propiamente académicos como falta de profesores, de estudiantes y de infraestructura. Todo ello, y no es menor, en el marco de una sociedad que transitaba lentamente desde el mundo hacendal/colonial a un capitalismo incipiente[90].

4.1. Aspectos curriculares: el plan de estudios de 1853

La enseñanza de la ingeniería en la Universidad de Chile comienza con el decreto del 7 de diciembre de 1853, que textualmente indica: "En la Facultad de Ciencias Físicas i Matemáticas de la Universidad de Chile se enseñarán los ramos de estudios necesarios para formar: Ingenieros geógrafos, Ingenieros civiles, Ingenieros de minas, Ensayadores generales, y Arquitectos"[91]. Las tres especialidades ingenieriles se corresponden con las principales especialidades francesas:

> *-Ingeniero de Puentes y Calzadas ("civil"):* aquel que se ocupa de la construcción y del mantenimiento de las rutas, caminos de tierra o de hierro, calles, malecones o avenidas, puentes, fuertes, alcantarillados, plazas públicas, etc.

89 Peter Meiksins, Chris Smith. *Engineering Labour. Technical Workers in Comparative Perspective*. London, Verso, 1996.

90 Luis Ortega, *Chile en Ruta al Capitalismo. Cambio, euforia y depresión 1850-1880*. Santiago, DIBAM, 2005, pp. 41 y ss. Carmen Cariola, Osvaldo Sunkel. *Un siglo de historia económica de Chile 1830-1930*. Santiago, Edit. Universitaria, 1990. Cf. I.2.

91 *Anales de la Universidad de Chile*, 1853, p. 499.

-*Ingeniero de Minas*: aquel cuyos trabajos especiales tienen por objeto la excavación de minas y la extracción de minerales.

-*Ingeniero Geógrafo*: aquel cuyos trabajos abarcan el sistema de comunicaciones entre las diferentes partes de una región, de un imperio; todas las vías de transporte, las divisiones territoriales, la medida o el catastro de esta región; el levantamiento de los planos, el trazado de las cartas[92].

La carrera de Arquitectura es un intento de formalizar los estudios sueltos que comenzaron en 1849. La carrera de Ensayador general apuntaba a formalizar estudios que comenzaron hacia comienzos de la década de los años 1840 como vimos antes[93]. La carrera de Agrimensor, implícitamente quedaba subsumida en la de Ingeniero Geógrafo.

Los estudiantes al matricularse debían elegir una de estas profesiones, y seguir el orden de estudios que indicaba este primer plan de estudios. Los planes de estudios y las carreras estaban organizados así (seguimos textualmente el decreto):

Ingenieros Geógrafos:

Primer año: Álgebra superior; Trigonometría esférica; Geometría de las tres dimensiones; Geometría descriptiva con sus aplicaciones a la teoría de sombras y de la perspectiva.

Segundo año: Física superior; Química general; Cálculo diferencial e integral.

Tercer año: Topografía y Geodesia; Principios de Mecánica; Nociones de Astronomía. Al finalizar el tercer año habrá dos prácticas: de topografía y de geodesia.

Para titularse de Ingeniero Geógrafo debían dar un examen final que consistía de una prueba oral (sobre los ramos matemáticos superiores) y otra práctica, consistente en la ejecución de un plano en terreno, su dibujo y los cálculos.

92 Bescherelle Aine, *Dictionnaire National ou Dictionnaire Universal de la Langue Francaise*, París, 1869. Cit. por Greve, *Historia de la Ingeniería*, Tomo I, p. 9.

93 La carrera de Ensayador se suprimió por decreto del 14 de julio de 1865. "La profesión especial de Ensayador general, creada por decreto del 7 de diciembre de 1853, solo existirá hasta el 1° de marzo de 1867, y desde esa fecha las funciones concernientes a los Ensayadores generales, serán desempeñadas por los Ingenieros de minas y por las personas que hubieren obtenido títulos de Ensayador antes del citado marzo de 1867". En: Boletín de Instrucción Pública. *Anales de la Universidad de Chile*, julio de 1865, p. 109.

Ingenieros Civiles:

Primero, Segundo y *Tercer años*: los mismos del plan de ingenieros geógrafos.

Cuarto año: Puentes y Caminos que comprende: una parte práctica los dos últimos meses del año escolar; Dibujo de máquinas y aplicación de la geometría descriptiva al corte de piedra y de madera; Arquitectura; Mineralogía y Geología.

Al finalizar sus estudios debían también rendir un examen final oral y práctico. El oral versaba sobre los programas de los cursos: cálculo diferencial e integral, topografía y geodesia, tratado de puentes y caminos, y mecánica. El práctico consistía en la ejecución de un proyecto que además el estudiante "acompañará de todos los planos, cálculos y pormenores relativos al presupuesto y ejecución de la obra".

Ingenieros de Minas:

Primer año: El mismo de las otras ingenierías. (Álgebra superior; Trigonometría esférica; Geometría de las tres dimensiones; Geometría descriptiva con sus aplicaciones a la teoría de sombras y de la perspectiva.)

Segundo año: Cálculo diferencial e integral; Química mineral; Física.

Tercer año: Docimasia (tratado de ensayes y análisis) y principios de Metalurgia; Mineralogía; Geología; Mensura de minas; Topografía[94].

Cuarto año: Mecánica; Explotación de minas; Manipulaciones de laboratorio.

94 *Metalurgia* corresponde a los procesos de transformación del mineral (e.g., calcopirita) hasta obtener el metal (e.g., cobre). Considera operaciones unitarias como fundición o electrorrefinación. *Mineralogía* es el estudio de los minerales, es decir, la materia prima que entra al proceso. Ahí se estudia tambien un poco de metalogénesis para entender el orden en que se fueron formando y en consecuencia el orden en que se espera que aparezcan en la mina a medida que esta se hace más profunda. La mineralogía puede ser cualitativa (microscopio, apariencia, etc.) o cuantitativa. En esta última categoría entra la *docimasia*. A partir de *ensayos* se puede determinar la proporción de cada elemento en una muestra e inferir la composición mineralógica (i.e., si tiene tal porcentaje de cobre, fierro y azufre, entonces puede ser tal mineral. Esto se conoce como mineralogía normativa). Los en sayos se usan también para medir el contenido de elementos (cobre, oro, plata, arsénico, etc.) en la alimentación y productos de procesos metalúrgicos. Se puede usar incluso sin conocer bien la mineralogía, pero siempre es mejor saber qué mineral se está procesando. En los planes modernos o en términos de programas de investigación, docimasia y mineralogía entrarían en el programa de "caracterización" y principios de metalurgia en "procesos". (Agradecemos esta explicación al Profesor Willy Kracht del Departamento de Minas de la Universidad de Chile).

Para titularse se requería un examen oral que incluía todos los temas de los tres últimos años salvo cálculo y manipulaciones de laboratorio. Y un examen práctico sobre "dos operaciones docimásicas como análisis o algunos ensayes complicados y una operación de mensura de minas, acompañada de un plano y los datos en que se basó el levantamiento".

Es interesante comparar estos programas con los programas anteriores. Recordemos que la "Academia" de Gorbea (cf. sección 3.1) tenía un plan de estudios consistente en: física, geodesia, mineralogía, mecánica aplicada y arquitectura; materiales de construcción, ferrocarriles y conducción de aguas por conductos y cañerías y su distribución en las poblaciones; puentes, formación de puertos de mar, muelles. Es decir, en comparación, Gorbea proponía un enfoque más aplicado a las posibles necesidades de la industria (materiales de construcción, conducción de aguas, ferrocarriles, etc.) frente al enfoque más teórico del plan de 1853 de Domeyko.

Por otro lado, la enseñanza de la minería propiamente tal, en el programa del Liceo de La Serena de 1850 (que copiamos anteriormente, cf. sección 3.1) es muy similar a esta, salvo el orden de las materias. También es similar al programa de 1864 para el Liceo de La Serena y el de Copiapó. La única diferencia sustantiva es que ahora en el programa universitario hay cálculo diferencial e integral.

Es importante observar que la carrera de ingeniero geógrafo poseía un carácter bastante teórico, a excepción de las prácticas en geodesia y topografía (mensura de terrenos). Considerando su menor duración, esta especialidad funcionaba como una carrera intermedia, siguiendo la tradición del agrimensor, ubicada entre los técnicos de bajo prestigio social (Escuela de Artes y Oficios) y los ingenieros civiles orientados a la alta administración del Estado. Si se considera su menor duración de un año respecto de civil y minas, es entendible que la mayoría de los egresados optaran por esta especialidad frente a la ingeniería civil o de minas (ver Figuras 1 y 2).

Finalmente, otro aspecto relevante es el carácter de los estudios y quienes podían acceder a ellos. Para ingresar a cualquiera de estas carreras se requería haber hecho el curso preparatorio de matemáticas (una suerte de secundaria con especialización en matemáticas) que comprendía: aritmética, álgebra, geometría, trigonometría, geometría analítica y secciones cónicas, combinaciones, permutaciones y probabilidades. Este curso duraba cinco años e incluía los ramos "accesorios" de: geografía, nociones de cosmografía, gramática castellana, francés o inglés, curso de religión, física y química elemental, dibujo lineal y de ornamento, historia, principios de literatura[95]. Estos estudios suponían acceso a una educación tradicional formal y requerían una fuerte formación matemática. Esto establecía una insalvable barrera para el posible acceso de artesanos, estudiantes inclinados al trabajo manual o técnicos con poco dominio inicial de la teoría. Debido a lo anterior, estos últimos solo podían optar a una formación en la Escuela de Artes y Oficios, la cual no conducía a la carrera de ingeniería y se enfocaba en la enseñanza técnica y manual[96]. Por diseño entonces, la ingeniería quedaba separada social y programáticamente de los "técnicos" y de lo manual.

4.2. El mercado laboral y la competencia europea

La carrera de ingeniería generó desde sus comienzos un fuerte debate por el mercado laboral. En un país predominantemente agrario, el ingeniero era un profesional de alguna manera "artificial" para ese medio. Como sostiene Sol Serrano, estamos ante una profesión "que no se formó en base al desarrollo interno de un oficio tradicional [o de una actividad productiva, habría que agregar] sino por la voluntad de una autoridad central". Y concluye: "la ingeniería fue la profesión que en mayor grado dependió del Estado para la constitución de su mercado"[97]. Queda la pregunta: ¿por qué fue así? Como argumentamos en este trabajo, hay razones internas y externas.

El prestigio social, particularmente para los "hijos de familia" que constituían el grueso de los estudiantes universitarios, era un asunto de importancia. La ingeniería conllevaba la carga de estar ligada a oficios "mechánicos"[98] y al trabajo manual, ambos asuntos que no se conde-

95 *Óp. cit, Anales de la Universidad de Chile*, 1853, p. 501.

96 La Escuela de Artes y Oficios impartía 4 talleres: Carpintería, Herrería, Mecánica y Fundición. Juan Muñoz, Carmen Norambuena, Luis Ortega, Roberto Pérez. *La Universidad de Santiago de Chile, sobre sus orígenes y su desarrollo histórico*. Edit. USACH, 1987. Capítulo 1: La Escuela de Artes y Oficios.

97 Sol Serrano. *Universidad y Nación*. Edit. Universitaria, 1993. p. 205.

98 En el diccionario de autoridades (tomo IV, 1734) puede leerse: "MECHANIQUEZ. La vileza o desdoro que resulta de ocuparse en cosas mechánicas", y "MECHANICO. Se aplica regularmente a los oficios baxos de la República: como Zapatero, Herrero, y otros: y así se diferencian los oficios en mechánicos y Artes liberales", y añade esta cita de Quevedo en Historia y vida del gran tacaño (cap. 1): "Decíame mi Padre: Hijo esto de ser ladrón, no es arte mechánica, sino liberal". El diccionario de la Academia usual define Mecánica como "Lo que pertenece á los oficios ú obras de los menestrales. Mercenarius, illiberalis". La versión de 1992 dice: "Decíase de los oficios u obras que exigen más habilidad

cían con el prestigio social[99]. Así la disminución de la matrícula entre 1860 a 1880 se explica en buena medida por este factor social. Como indica el ministro de instrucción pública en 1876: "Los difíciles i largos estudios que exije la carrera de injeniero, como también las ventajas mas seguras i mas lucrativas que ofrecen las carreras del foro i de medicina, son en gran parte las causas de [esta] anomalía [...]". Y la llama "anomalía", porque "precisamente en la época en que las artes, la industria minera, fabril i las obras de vías de comunicación toman tanto desarrollo, i de las ciencias puras i de aplicación progresan en todas partes del mundo [...], en Chile la juventud muestra poca inclinación por estos estudios"[100].

Pero los futuros ingenieros no solo debían enfrentar el bajo prestigio social de su carrera, sino que tambien tenían una fuerte competencia en el mercado laboral de los ingenieros extranjeros, cuya presencia copó más de un 42,3% del mercado del trabajo en promedio, creciendo desde 116 ingenieros en 1865 a 415 en 1895[101]. ¿A qué se debía esto? Sin duda a múltiples factores. Por un lado, la fuerte influencia cultural europea sobre la clase gobernante, la "monomanía del genio ideal europeo", que hacía desconfiar de lo local, como la describía en 1859 el joven académico de la FCFM, Eulogio Allendes[102]:

---

manual que intelectual." Cit. en: M. Canessa. *El Bien Nacer. Limpieza de oficios y limpieza de sangre: Raíces ibéricas de un mal latinoamericano. Del siglo XIII al* último *tercio del siglo XIX*. Taurus, Uruguay, 2000.

99 Claudio Gay escribía en 1858 sobre esta dificultad referida a estudios agrícolas: "aún cuando los conocimientos prácticos fuesen extremadamente necesarios a un hacendado puesto que hallaría en ellos excelentes elementos de economía rural, no podría contarse apenas con que sus hijos adoptasen con gusto el traje de los campesinos y manejasen la azada y el arado como sucede en Europa. Chile no ha llegado todavía a ese estado de exigencia y de deducción. La única cosa que se puede pedir a los hijos de familia es que asistan a las clases puramente teóricas y económicas." Claudio Gay. *Agricultura*. Tomo I, Paris-Chile, 1862. p. 130.

100 Instrucción Pública en Chile. Su actual estado, según la Memoria del señor Ministro del ramo, en los documentos anexos, presentada al Congreso Nacional en 1876. *Anales de la Universidad de Chile*, pp. 286-402. Cita en p. 308.

101 El país que más aportó fue Inglaterra, seguido de Francia, Estados Unidos y Alemania. Para más detalles ver: Jaime Parada Hoyl. "La profesión de ingenieros y los Anales del Instituto de Ingenieros". En: *Anales del Instituto de Ingenieros. Ingeniería y Sociedad 1889-1929*. Edit. CCC-PUC-BN, 2011. p. 32.

102 Eulogio Allendes (1828-1891) se tituló de Agrimensor en la Universidad de Chile en 1850 y fue incorporado como académico en 1859. Posteriormente fue también parlamentario. Ver: Armando de Ramón, *Biografías de chilenos*. Edic. Universidad Católica, 1999. Vol I.

No dudo un momento, que se niegue por muchos la competencia de los conocimientos de nuestros jóvenes que han abrazado en Chile la ingrata carrera de las ciencias, y sólo se esperen buenos resultados de los que bajo el cielo del Viejo Mundo han hecho sus estudios, desde que, la monomanía del genio ideal europeo y la incapacidad de nuestros compatriotas se han declarado desde los altos puestos del Estado[103].

Por otro lado estaba la experiencia laboral práctica (en grandes industrias y proyectos), y las redes comerciales y técnicas (contacto con proveedores de maquinaria e insumos) de los ingenieros europeos, como bien lo expresa Parada-Hoyl:

> La alta participación de extranjeros en el mercado laboral chileno se explica por la juventud de la profesión en el país. Por lo menos hasta fines de la decada de 1860, encontrar ingenieros chilenos capaces de estudiar e implementar obras complejas de infraestructura fue tarea dura para los inversionistas. [...] Dado lo anterior, proyectos de infraestructura especializados como ferrocarriles, telegrafos, puertos, canales de navegación, servicios y afines requirieron de la experiencia y formación de profesionales venidos del primer mundo[104].

Estos ingenieros foráneos veían en Latinoamérica la oportunidad de ejecutar proyectos de cierta complejidad, logrando así ganar experiencia y renombre. Considerando la desventaja en experiencia técnica y práctica (debido a la pequeña escala del país) de los ingenieros nacionales, estos quedarían relegados –salvo escasas excepciones– a papeles secundarios o de menor complejidad como construcción de canales de regadío, mantención y reparación de calzadas, ordenamiento de propiedades rurales[105] o como simples "empleados" de los grandes hacendados. Domeyko así lo reconocía en su memoria de 1872: "Nadie ignora cuán importantes servicios prestan a los agricultores nuestros ingenieros geógrafos y qué servicios prestaron particularmente en el tiempo de la desvinculación de las propiedades[106].

Como tercer factor está la formación que recibían los estudiantes chilenos, factor que revelaría una crisis en el origen mismo de

103 Eulogio Allendes. Discurso de incorporación a la Facultad de Ciencias Físicas y Matemáticas. *Anales de la Universidad de Chile*, octubre de1859, Tomo 16, p. 987.

104 Parada Hoyl, *óp. cit.* p. 32.

105 Parada Hoyl, *óp. cit.* p. 34.

106 Cit. por Parada Hoyl, *óp. cit.*, p. xxvi.

la profesión. Existía un desajuste entre las necesidades productivas nacionales y el perfil del ingeniero que se formaba, que más que un *entrepreneur*, era una persona "destinada a formar parte del cuerpo gubernativo de la República". Esta contradicción se expresa claramente en los programas y en la carrera intermedia de ingeniero geógrafo, que era un "ingeniero" de estudios teóricos (salvo una práctica final de topografía y geodesia), que no se formaba en nada propiamente ingenieril: ni obras civiles (puentes, caminos), ni diseño de máquinas o dibujo técnico, ni construcción ni temas mineros (mineralogía, geología). Claramente los ingenieros nacionales no recibían la formación adecuada para ejecutar las grandes obras de ingeniería (en comparación a sus competidores europeos), pues la carrera estaba fundamentalmente orientada a fungir como funcionario de Estado. Su perfil estaba orientado a crear una élite con conocimientos técnicos que pudiera entender e interactuar (principalmente importar, comprar) con los desarrollos que se daban en otras latitudes. Sol Serrano escribe sobre esto:

> La fundación de las ingenierías como profesión universitaria fue una iniciativa estatal que no respondió directamente ni al desarrollo interno de un oficio práctico que buscara estatus profesional y científico, como en Inglaterra y Estados Unidos, ni a la formación de una legión de funcionarios encargados de realizar las obras públicas estatales como en Francia. Como en el caso de Colombia, obedecía a una política estatal de reforma educacional para crear una élite formada en los conocimientos científicos y técnicos destinada a incidir en el desarrollo económico[107].

Se daba un círculo vicioso que ha acompañado el desarrollo tecnológico en Chile desde sus mismos inicios: la falta de demanda interna impedía desarrollar experiencia, lo que motiva la consiguiente orientación de la profesión y la enseñanza a la intermediación de alto nivel con el saber europeo, lo que a su vez impide desarrollar esa experiencia. La formación técnica se dejó a la Escuela de Artes y Oficios (1849) que formaba técnicos de baja complejidad y de bajo nivel social, lo que mantenía el sesgo negativo hacia esos temas y trababa las posibilidades de incidir en las políticas de Estado. El salto a las ingenierías (en su sentido anglosajón) debía resolver el gran dilema de cómo estructurar una profesión

[107] Sol Serrano. *Universidad y Nación*, pp. 214-215.

sobre temas "mechánicos", esto es, sin prestigio social. Veremos cómo hacia 1890 hay un importante intento de quebrar esta dicotomía.

Todo lo anterior se refiere a la profesión de ingeniero en general. Pero es bueno mirar tambien las especialidades, que tenían sus propias especificidades respecto del mercado laboral. Ya veíamos que la especialidad de geógrafo, que de alguna manera en Chile continuaba la tradición de los agrimensores, era mirada por la clase gobernante (por ejemplo el rector de la Universidad) por los "importantes servicios que prestaban a los agricultores" y lo relevante que fueron para la "desvinculación de propiedades". En efecto, esa carrera tiene su pico de egresos hacia 1870, que se explicaría en la necesidad de delimitar los límites geográficos en el norte y la división de tierras producto de la "ocupación" de la Araucanía en el sur[108]. Posteriormente al año 1880 esta especialidad perdería campo laboral producto del desarrollo socioeconómico del país[109]. Finalmente la carrera sería suprimida en 1889, y su plan de estudios unificado con el de ingeniero civil, lo que explicaría el aumento del número de egresados de dicha carrera posterior a 1890.

Respecto a la ingeniería de minas, podemos ver de la Figura **2** que a partir de 1876 los egresos de minería caen y luego siguen declinando. Probablemente incide la baja en el ciclo del cobre 1876-1891 y el cambio en la estructura productiva de la minería[110]. Pero sin duda lo que mejor podría explicar esta baja es la dictación en 1874 del nuevo Código de Minería[111]. Ese Código asigna funciones de Estado a los ingenieros en minas fundamentalmente como "peritos" en diferentes materias y para dirimir conflictos en la propiedad minera[112]. Pero, en su artículo 22, inciso 1, establece:

108 Wladimir Antivil Marinao. *Dibujando la Araucanía: la construcción, la forma y el dominio de un territorio.* Tesis de doctorado. Universitat Politécnica de Catalunya, Barcelona, España, 2018 (ver por ej. p. 169). Ver también W. Antivil Marinao. "Los planos de colonización de Cautín y Malleco (1916-1917)". *Revista de Urbanismo* (42), 2020. pp. 134-150.

109 Rolando Mellafe, Antonia Rebolledo, Mario Cárdenas. *Historia de la Universidad de Chile.* Edic. Universidad de Chile, 1992, p. 122

110 Augusto Millán. *La minería metálica en Chile en el siglo* XIX. Edit. Universitaria. 2004, pp. 50 y ss.

111 Código de Minería de la República de Chile. Santiago de Chile: Imprenta de la República, 1874. Digitalizado por Marianne González Le Saux. Seminario de Estudios de la República. Fac. Derecho. Universidad de Chile. 2011.

112 En el Título XII. De los injenieros del Estado i de los peritos de minas, se establece que los peritos serán elejidos de entre los injenieros de minas con título, o a falta de estos, de entre los mineros mas honrados, acreditados i competentes (Art. 146). El Código tambien indica-

Se prohibe adquirir minas o tener parte o interes en ellas:

1.o A los injenieros de minas rentados por el Estado i que ejerzan funciones administrativas en el ramo de minería, dentro del distrito donde ejerzan dichas funciones[113].

Este incentivo negativo para funcionarios de Estado, para lo que estaba orientada la carrera de ingeniero en la Universidad, puede explicar el desinterés generado para seguir la carrera de ingeniería en minas. Otro motivo, que señala Parada-Hoyl, es que el Código permitía a cualquiera, en caso de faltar ingenieros, trabajar como perito. Es bueno observar, a este respecto, que para obtener conocimientos técnicos en minería, no era necesario cursar el programa completo. Finalmente no se puede despreciar el que buena cantidad de técnicos en minería era "importado" desde Europa por las mismas compañías mineras, en su mayoría extranjeras[114].

En vista de la situación de la minería en Chile, en 1883 el Gobierno estableció "una corporación que impulsase el fomento i progreso de la industria minera nacional", formando así una comisión de Minería[115]. Dentro del informe presentado por esta comisión, se establece un análisis de la enseñanza minera en Chile:

Al tratar de la enseñanza minera, la comisión distingue por necesidad las dos clases en que está dividida: la superior, esto es, la que tiene por objeto formar los administradores de las empresas de minas i los injenieros encargados de la parte científica de estas mismas empresas; i la secundaria, que tan solo alcanza a formar los mayordomos de laboreos, mayordomos de fundición o de otros beneficios mineros i, en jeneral, los empleados secundarios de esa industria[116].

ba la organización del cuerpo de ingenieros, cuyas atribuciones y deberes serían dictados por el Presidente, pero esto no ocurrió hasta 1925.

113 Código de Minería, *óp. cit.* Artículo 22.

114 Es lo que sostiene Sol Serrano, citando a Villalobos y Greve. *Universidad y Nación*, p. 216.

115 Correspondencia del Ministro de Hacienda. Pedro Lucio Cuadra. 29 de noviembre de 1883. Publicado en el Boletín de la Sociedad Nacional de Minería. *Revista Minera.* Año I, número 2, 1 de enero de 1884. Cita en p. 15. Disponible en línea en el Archivo Digital de la Biblioteca Nacional: http://www.bibliotecanacionaldigital.gob.cl/bnd/630/w3- article-353134.html

116 Extracto del informe de la comisión de minería de 1883, publicado en el Boletín de la Sociedad Nacional de Minería. *Revista Minera.* Año I, número 13, 15 junio 1884. Cita en p. 108.

El plan se compara con el programa de estudios de la Academia Real de Minas de Clausthal en Alemania. Entre las conclusiones de esta comisión respecto a los defectos en la enseñanza que se da en Chile, se indican dos principales, "sobre todo, cuando esa instrucción se juzga en la práctica":

> En la mayor parte de los paises en que ha alcanzado positivos progresos, ella [la instrucción] comprende tanto a los que han de ser administradores superiores de la empresas de minería i beneficio, como a los que dentro de esa industria, esclusivamente se contraen a la parte mas técnica i profesional de ella. I de aquella comprension nace que en los estudios hechos en otros paises se abarcan i aunan los técnicos i a la vez los propiamente administrativos.
>
> El segundo defecto que se nota, tan jeneral i acaso mas importante que el anterior, es la deficiencia absoluta de las aplicaciones prácticas, aconteciendo en muchas ocasiones que las personas que han alcanzado el título de mayor rango en las carreras profesionales, por falta de práctica anterior i principalmente por falta de tendencia práctica en los mismos estudios, no alcanzan a desempeñar las tareas que, con cortísima preparación esclusivamente práctica, desempeñan otros que en la totalidad carecen de conocimientos teóricos[117].

4.3. La crisis interna ante la falta de estudiantes y profesores y las dificultades para implementar el plan

A las dificultades anteriores, de origen más bien externo, hay que sumarles las internas propias de la universidad, de la facultad y de las carreras. Revisaremos dos temas sobre esto: la falta de estudiantes e infraestructura; y la falta de profesores.

4.3.1. *Dificultades para implementar el plan por falta de estudiantes*

El atractivo de la carrera, y luego la posibilidad de conseguir estudiantes, estaba –descontando incentivos dirigidos como becas, etc.– directamente relacionado con el prestigio social de la profesión, los esfuerzos

117 Extracto del informe de la comisión de minería de 1883, publicado en el Boletín de la Sociedad Nacional de Minería. *Revista Minera*. Año I, número 14, 1 julio 1884. Cita en p. 112.

que ella exigía, y la demanda que esta tenía en la sociedad. Los datos, como vimos más arriba, indican que la matrícula era escasa, tanto en números absolutos como en porcentaje respecto de otras carreras. La matrícula de ingeniería en esos años era aproximadamente el 10% del total de las carreras universitarias.

A las dificultades conocidas para los estudios matemáticos ("difíciles y largos estudios"), se agregaba el que los estudios de ingeniería, de arquitectura y de ensayadores (y también los de farmacia) estaban regidos por la ley de 1843 (elaborada mucho antes de que estas carreras existieran), que indicaba que "sin el grado de Licenciado no se podrá ejercer ninguna profesión científica". Un decreto del 1 de septiembre de 1854 eximía a quienes aspiraban al título de ingeniero, arquitecto y ensayador graduarse de licenciados. El fondo del problema era que muchos de estos estudios se realizaban fuera de la Universidad (institutos, liceos) y se presentaba el tema del control que le quedaba a la universidad sobre ellos. Como lo planteaba el decano de la FCFM en 1865:

> ¿Conviene para el lustre de las profesiones de que se trata y para el progreso en Chile de las ciencias que son su fundamento, que la Universidad, intervenga directa e indirectamente, y puede decirse, ponga su mano sobre cada uno de los estudiantes que a ella aspiren? La comisión ha creído que sí, en razón de la importancia de las labores que están llamados a desempeñar los que llegan a dichas profesiones, de la influencia que ejercerá en su desempeño la mayor o menor solidez con que se hayan hecho los estudios científicos, y muy especialmente para oponer una barrera al conato que por lo común se observa en los jóvenes estudiantes por llegar cuanto antes y apresuradamente al fin de su carrera[118].

El problema aludido era que los grados de Bachiller y Licenciado exigían materias que la FCFM no consideraba necesarias para la carrera, o que obligaba a repetir materias. La FCFM era partidaria de que la Universidad debía solo tomar los exámenes finales de título. La discusión se profundizó debido a un decreto de 1862, que permitía a los estudiantes de provincia seguir sus estudios en los Liceos respectivos. El Consejo universitario deseaba que la universidad controlara etapas intermedias

[118] Boletín de Instrucción Pública. *Anales de la Universidad de Chile*, julio 1865, Tomo 27, p. 96.

a través del bachillerato y la licenciatura que solo los otorgaba la Universidad[119].

Alejandro Andonaegui[120] aborda el tema de la falta de estudiantes en su discurso de incorporación a la FCFM en 1868. Allí indica que entre 1854 y 1862 hay un aumento de 25 iniciales a 75 entre los alumnos que asisten a cursos de matemáticas[121]. Este número luego empieza a bajar hasta llegar a 36 en 1867, a consecuencia del decreto de 1864 sobre la organización de cursos especiales en los liceos de provincia de Copiapó, La Serena y Concepción[122]. Por otra parte, de los 177 estudiantes matriculados entre 1854 y 1864, solo 57 habían terminado. Hasta 1867, continúa Andonaegui, un promedio de 13 por año se incorporan y 49 asisten. Hasta 1867 hay 69 titulados: 47 geógrafos, 22 de minas, y ninguno en ingeniería civil. Andonaegui responsabiliza principalmente de este estado de cosas al plan de estudios[123].

También Domeyko, en su memoria universitaria de 1868, plantea similar preocupación por el corto número de alumnos que se dedican al estudio de Matemáticas y sobre cierto desaliento que se nota en estos estudios:

> La causa proviene en parte del mayor aliciente y de las mayores ventajas que presentan por ahora a nuestra juventud las carreras de abogado y médico; en parte de las faltas que se notan en el arreglo actual de los ramos de aplicación en esta Facultad[124].

En la misma línea de preocupaciones estaba el académico recién incorporado Fernando Llona[125], quien se pregunta: "¿Cuáles son las causas que hacen disminuir rápidamente el número de estudiantes que se de-

119 Discusión sobre las carreras de Injeniero, Ensayador i Arquitecto. *Anales de la Universidad de Chile*, julio 1865, Tomo 27, pp. 93-96.

120 Alejandro Andonaegui Acuña (1840-1919) fue profesor de matemáticas del Instituto Nacional. Es nombrado miembro académico de la FCFM en 1867. Fue también parlamentario.

121 Discurso de incorporación de Alejandro Andonaegui. Andonaegui, *óp. cit.*, p. 543.

122 Decreto 26 de diciembre de 1864. Boletín de Leyes, 1864. T. 32, p. 434. (*Recopilación Leyes Instrucción Pública*, Justo Abel Rosales, Santiago, Imp. Los Debates, 1890, p. 170.)

123 Alejandro Andonaegui, *óp. cit.*, p. 544.

124 Ignacio Domeyko. Memoria de los trabajos de la Universidad en el año 1867. 27 de julio de 1868. *Anales de la Universidad de Chile*, julio1868, Tomo 31, p. 34.

125 Fernando Llona Alvizu (1837-1877) se tituló de Agrimensor en 1856 y de Ingeniero de Minas en 1860 en la Universidad de Chile. Fue incorporado como miembro académico de la FCFM en 1870.

dican a las ciencias exactas, y medios de precaver tan grave mal?"[126] Llona ve un país agrícola y critica el trabajo actual de los agrimensores, que tienen una tarea más administrativa (demarcando, midiendo, etc.) que industrial. Propone por ejemplo impulsar la hidráulica y la industria agrícola como incentivos para los ingenieros.

Este problema prevalecería, puesto que en 1878 el Ministro de Instrucción Pública en su memoria todavía hablaba del problema:

> Por indicación de la Facultad de Ciencias Matemáticas i Físicas, el mismo consejo ha sometido a la consideración del Gobierno la reforma del plan de estudios preparatorios de los que se dedican a las carreras de injenieros, buscando cómo dar facilidades que fomenten la concurrencia de alumnos a las aulas de esta Facultad, que por desgracia no son debidamente frecuentadas[127].

4.3.2. *Dificultades para implementar el plan por la falta de profesores e infraestructura*

La falta de profesores era otro de los problemas principales para implementar el plan de 1853. Muchos de los cursos indicados en el programa no tenían profesor. En 1861 recién se logró contratar al profesor de puentes y caminos y resistencia de materiales de construcción, que completaba el curso de ingenieros civiles[128]. En 1863 había solo 9 profesores y aunque por esa misma fecha (1865) había 27 académicos en la facultad, es importante recordar que los académicos no necesariamente hacían docencia y muchos eran de otras especialidades como la de historia natural[129].

[126] Fernando Llona. Discurso de incorporación, 25 octubre 1870. En: *Anales de la Universidad de Chile*, noviembre 1870, Tomo 36, p. 259.

[127] Instrucción Pública. Su estado en el año último según la memoria ministerial pasada al Congreso Nacional por el ministro del ramo en 1878. *Anales de la Universidad de Chile*, 1878, Tomo 54, pp. 355-501. Cita en pp. 465-466.

[128] Boletín de Instrucción Pública en Chile. Informe sobre su estado actual, dado al Congreso Nacional por el Ministro del ramo. *Anales de la Universidad de Chile*. Septiembre 1861, Tomo 19, pp. 383-408. Cita en la página 385.

[129] Los 9 profesores y las clases que desempeñaban eran: Ignacio Domeyko (Química general, Metalurgia, Química analítica, Física y Mineralogía), Ignacio Valdivia (Álgebra superior y Geometría Descriptiva), Francisco de Borja Solar (Topografía y Geodesia), Carlos Moesta (Astronomía y Cálculo diferencial e integral), Luciano Henault (Arquitectura), Estevan Chamvoux (Mecánica), Carlos Gilquin (Dibujo de Máquinas), Adolfo Ballas (Puentes, Calzadas y Caminos) y Luis Larroque (Explotación de minas). "Universidad de Chile. Su personal al principiar el año 1863". *Anales de la Universidad de Chile*, 1863, pp. 3-8.

Hacia 1866-1870 todavía la falta de profesores era una gran dificultad. Alejandro Andonaegui, en su presentación de 1868 citada, decía:

> Hasta ahora [1867] no se enseñan las aplicaciones de la geometría descriptiva al corte de piedras y maderas; no ha sido posible tal vez establecer de un modo regular y eficaz el curso de puentes y calzadas, ni el de arquitectura; y la explotación de minas no ha podido ser enseñada sin graves dificultades y contratiempos. [...] la mayor dificultad es la falta de profesores de los ramos de aplicación[130].

La escasez de expertos en el área de ingeniería era dramática. Los pocos disponibles debían alternar sus labores docentes con la ejecución de los proyectos encargados por el Estado. Esto los obligaba a ausentarse durante varios meses, lo que dificultaba dictar sus cursos. Esta situación se reportaba constantemente. En un informe en 1867 el Vicerrector Francisco Borja Solar[131] señalaba: "Antes que se abriesen las clases de esta sección el año pasado ya se había separado de ella el profesor de puentes i caminos, causando perjuicio a los jóvenes que habiendo sido sus discípulos, tuvieron que abandonar en la mitad de sus estudios la carrera"[132]. Por su parte el delegado universitario reportaba en 1872 que el profesor de minas no solo no tuvo un servicio duradero, sino que "en los cinco años de su permanencia casi la mitad del tiempo pasó en comisiones i viajes"[133].

El mismo Vicerrector lo detalla de la siguiente forma en el informe citado:

> Pocos son tambien los jóvenes que en la actualidad se dedican a la carrera de injenieros de minas. Los estudios que ella requiere, tanto preparatorio como profesionales, son mui estensos, i raro es el ramo cuyo curso se puede completar en un año. El profesor de metalúrjia tuvo que dejar

130 Alejandro Andonaegui, *óp. cit.*, pp. 548-549.

131 Francisco de Borja Solar Gorostizaga (1807-1891) fue discípulo de Gorbea. Se tituló de Agrimensor en 1828 (revalidado en 1838) y fue académico fundador de la FCFM, de la cual fue decano entre 1852 y 1884. También fue rector del Instituto Nacional, ministro y parlamentario. No conocemos una buena biografía de este importante personaje.

132 Francisco de Borja Solar. Memoria de los trabajos de la Universidad. En: Instrucción pública en Chile. Su actual estado, según la Memoria del señor Ministro del ramo, con los documentos anexos, presentada al Congreso Nacional en agosto de 1867. *Anales de la Universidad de Chile*, 1867, Tomo 29, pp. 525-648. Anexo, cita en p. 552

133 Ignacio Domeyko. Instrucción pública: reseña de los trabajos de la Universidad desde 1855 hasta el presente: memoria presentada al Consejo de la Universidad en sesión de 4 de octubre de 1872. *Anales de la Universidad de Chile,* 1872, Tomo 41, pp. 557-661. Cita en p. 575.

> una parte esencial de su curso del año pasado, relativa al beneficio de la plata, para enseñarla a principios de este año; i la comision que dicho profesor tuvo que desempeñar para el reconocimiento de las minas de carbon del sur, apenas le ha permitido principiar sus lecciones a mediados del mes de junio.
>
> Por otra parte, los jóvenes que se consagran a la carrera de injenieros de minas deben estar instruidos en todos los ramos pertenecientes a ella, para sostener la competencia en la cual tendrán que entrar con los injenieros venidos de fuera, como tambien para desempeñar las obligaciones que el nuevo código de minas les impone como empleados administrativos[134].

Se ensayaron varias estrategias para abordar este problema. Una de ellas fue enviar estudiantes a Europa, los cuales al volver ejercerían la cátedra respectiva. Hacia 1867, el ministro de instrucción pública Joaquín Blest Gana sostenía:

> Los injenieros civiles, de minas, jeógrafos i de puentes i calzadas, necesitan una escuela práctica de que carecemos; i necesitan mas que todo el estudio detenido de los progresos que hacen en Europa las ciencias de aplicacion; i es sin duda de mucho interes para el pais contar con sus propios hijos para la iniciacion i direccion de los ferrocarriles, caminos, canalizacion de rios i tantas otras obras que constituyen el porvenir material de la República. Para obtenerlo, como casi siempre sucede que los que se dedican a esas pesadas carreras son los que tienen menos recursos pecuniarios, sería ya oportuno i mui útil enviar a Europa a costa del erario a algunos de los alumnos mas adelantados[135].

En 1871 mediante concurso público se eligió a tres estudiantes que fueron becados a Europa y volvieron en 1874 para la clase de resistencia de materiales, explotación de minas y construcción de ferrocarriles[136]. En

[134] F. Borja Solar, *óp. cit.* p. 552.

[135] Instrucción pública en Chile. Su actual estado, según la Memoria del señor Ministro del ramo, con los documentos anexos, presentada al Congreso Nacional en agosto de 1867. *Anales de la Universidad de Chile*, 1867, Tomo 29, pp. 525-542. Cita en p. 526.

[136] R. Mellafe *et al.*, *óp. cit.*, p. 84. Sol Serrano, *Universidad y Nación*, *óp. cit.*, p. 213. Los becados fueron Enrique Fonseca, Ricardo Fernández y Valentín Martínez, y volvieron como profesores. Fonseca falleció muy poco después de llegar. La política de enviar a formar docentes a Europa tenía precedentes: en 1849 lo habían hecho Manuel Valdés, Adriano Silva y Manuel Aldunate, aunque ninguno de ellos volvió de profesor (Serrano, p. 211).

1875 viaja becado a Europa para estudiar Física experimental Luis Ladislao Zegers[137].

Otra política fue continuar contratando expertos ya formados en Europa. Por ejemplo, de los profesores de 1863 listados en una nota anterior, Domeyko, Moesta, Henault, Chamvoux, Gilquin, Ballas y Larroque pertenecen a ese grupo. Estos dos últimos, contratados en 1861, no duraron más de 5 años. También en 1871 se contrata a Ernest Anzart quien estuvo unos cinco años[138]. Esta política de traer expertos de Europa se incentivaría en el próximo periodo que estudiaremos.

Respecto de infraestructura, desde siempre esta ha sido una de las mayores dificultades de los estudios de ingeniería, tanto por su complejidad como por su costo. Muchos cursos tampoco se podían dictar por este obstáculo. En este ámbito, solo en 1859 se completó el plan con la creación del taller especial de máquinas y construcciones. En 1860 se abre la clase de explotación de minas y metalurgia. Sin embargo el sesgo teórico permanecía. Recién hacia 1863 se impartieron dos cursos de aplicación inmediata: uno de laboreo de minas y otro de puentes y caminos. En 1864 se abren los cursos especiales de minas e ingenieros geógrafos en los Liceos de La Serena y Concepción.

Este tema de los profesores y la infraestructura eran las grandes preocupaciones en la formación de ingenieros como lo manifiesta el rector Domeyko en informe al Ministro:

> Por otra parte, se sabe que en ninguno de los mencionados colejios de provincias se ha podido poner en ejecucion el plan de estudios superiores, por no hallarse el número de profesores que exije este plan como lo ordena el expreso decreto. Existen en la actualidad solamente dos cursos profesionales para Injenieros de minas en Copiapó, desempeñados por dos profesores; dos o tres cursos superiores para Injenieros: jeógrafos e Injenieros de minas en la Serena con tres profesores rentados; dos para Injenieros jeógrafos en Concepción; i los cursos de leyes en la misma ciudad, a los cuales asiste mui corto número de alumnos. [...] Si no se proporciona para ellos un número de profesores especiales que prescribe el plan vijente i no se completa la enseñanza, ni se proveen dichos Liceos de gabinetes i útiles necesarios, no se formarán sino Injenieros

137 Luis Ladislao Zegers Recasens (1849-1925) se tituló de ingeniero de minas en 1872. Al regreso de sus estudios en Europa, a partir de 1878, fue profesor de física. Es conocido por su investigación pionera en Rayos X.

138 Serrano, *óp. cit.*, p. 211.

> medianamente preparados para el ejercicio de la profesion, i en los mas casos hombres superficiales que perjudicarán los intereses del pais[139].

Las dificultades de profesores e infraestructura naturalmente inclinaban la formación hacia la teoría. Pero es bueno hacer notar que este sesgo hacia la teoría no se debía solo a esas dificultades. Muchos académicos estaban convencidos de esa orientación, como veremos en las siguientes secciones cuando tratemos los debates por las reformas.

[139] Comunicación entre Ignacio Domeyko y el Ministro de Instrucción Pública. Boletín de Instrucción Pública. *Anales de la Universidad de Chile*, 1869, Tomo 32, pp. 437-444. Cita en pp. 440-442.

Capítulo 5
El impulso reformista (1868-1879)

Las décadas de los años 1860 y 1870 son años de cambios en el orden conservador que se había instalado en la década de los años 1830. A partir de 1861 comienza a hacerse patente la influencia de ideas liberales en la sociedad y la política y la pérdida del poder hegemónico que mantenía la Iglesia católica. Particularmente relevante para nuestro tema son los comienzos de la industrialización capitalista y el crecimiento de las ciudades[140]. Todo ello conforma un marco donde las ideas y profesiones "científicas" comienzan a ganar prestigio y son demandadas para abordar los problemas de una sociedad crecientemente compleja.

En el ámbito de la educación superior esto se reflejará en la nueva dirección que tomará la Universidad con la ley de 1879, que la transforma en docente y cambia su énfasis, de una academia dedicada al conocimiento requerido por las necesidades del Estado y la clase gobernante, a una institución progresivamente enfocada a formar estudiantes en las llamadas "profesiones liberales". Para los estudios de ingeniería esto se expresa en la creciente preocupación por la formación práctica y los intentos de extenderla fuera de la capital (lo que se logra para Copiapó, La Serena y Concepción en 1864). Todo ello en el marco de la crisis de estudiantes que hemos venido describiendo en la sección anterior.

5.1. El proyecto de reforma de 1868

Como hemos visto, los estudios de ingeniería, una década después de iniciados, viven una crisis. El académico Alejandro Andonaegui

[140] Carlos Hurtado Ruiz-Tagle. *Concentración de la población y desarrollo económico. El caso chileno.* Universidad de Chile, Instituto de Economía, Santiago, 1966. Cap. IV. El Crecimiento de los extremos geográficos y la urbanización. 1860-1900, pp. 57-67.

en su discurso de incorporación que hemos venido citando, sostenía que "el plan de estudios de 1853 está hasta ahora en estado de proyecto; él es un buen proyecto que conviene modificar en la parte que lo aconseje la experiencia antes de ponerlo en ejecución, pero que es preciso poner en ejecución". Las dificultades no son insalvables, añadía, y se preguntaba: "¿Por qué no se fundan las clases que exigen todas las carreras de ingeniería?, ¿por qué no se da a la enseñanza el carácter práctico que exigen todas las carreras de ingeniería?"[141].

Todo ello motivó en 1868 un informe sobre reformas escrito por Ignacio Domeyko, Alejandro Andonaegui y José Zegers[142], enfocado a fortalecer la profesionalización de la carrera y la armonización del plan de estudios. Respecto de los planes de estudio se proponía:

> 1. Una nueva organización del plan de estudios; 2. La creación de nuevas clases que por ahora no existen, tales como de construcciones, mecánica aplicada, aplicación de la Geometría Descriptiva y Dibujo en sus diferentes aplicaciones; 3. La apertura anual de todas las clases del curso [...] 4. La creación de seis plazas de repetidores o ayudantes que sirviesen para hacer interrogaciones a los alumnos acerca de las lecciones orales de los profesores [...][143].

Ignacio Domeyko, que fue delegado universitario, esto es, el director de la enseñanza superior del Estado entre marzo de 1852 y septiembre de 1867, y ejercía ahora como rector, entendía bien la necesidad de cambios. Se refería en los siguientes términos a esos intentos de reforma en un informe retrospectivo en 1872:

> Este plan adolece sin duda de varios defectos i la Facultad de ciencias, estimulada por el Consejo, trató de modificar i de mejorarlo. Se ocupó detenidamente de esta reforma una comisión nombrada por el decano de la Facultad en 1869 i formó un arreglo de estudios mas completo, mejor distribuido que el vijente. En este proyecto se trata, en primer lugar de separar uno de otros, varios ramos de enseñanza, que por ahora se hallan a cargo de unos poco profesores i por lo mismo no se enseñan

141 Andonaegui, *óp. cit.*, p. 548.

142 José Zegers Recasens (1837-1911) se tituló de ingeniero de Minas en 1858. Fue incorporado como miembro académico de la FCFM en 1862. Fue director de la Escuela de Artes y Oficios. También fue parlamentario.

143 Sesión de 27 de junio de 1868, Consejo de la Universidad. *Anales de la Universidad de Chile*, 1868, Tomo 30, 1868, pp. 759-763. Cita en p. 759.

todos los años sino año de por medio; en segundo lugar, se añaden al actual plan de estudios algunos ramos de aplicación inmediata que faltan todavía, como son: la resistencia de los materiales, el corte de piedra i madera, construcción de máquinas, obras hidráulicas, etc. Se intenta, en tercer lugar, ensanchar convenientemente algunos cursos, coordinarlos de manera que puedan ausiliarse mutuamente i señalar a cada ramo el lugar i tiempo que le corresponden[144].

Este proceso no tuvo una acogida favorable en el gobierno y el plan de estudios permaneció invariable (con modificaciones menores) hasta 1889. Lo más probable es que en su rechazo haya pesado el alto costo para implementar los cursos prácticos y la falta de profesores necesarios para su ejecución.

Ante el fracaso de la reforma iniciada en 1868 se vuelve a presentar una modificación al plan de estudios en 1873, la cual vuelve a fracasar[145]. Solo se consiguen modificaciones parciales. El año siguiente, 1874, en la sección universitaria se decreta crear una clase de "Resistencia de Materiales y Construcción de Ferrocarriles" y otra de "Labores de Minas y Construcciones de Máquinas destinadas a su explotación"[146]. Es claro que se requería bastante más, esto es, una reforma radical, un cambio de mirada sobre los estudios de ingeniería. Sin embargo, hacia 1876 la autoridad seguía con un discurso muy similar a los años anteriores:

Se observa todavía en los estudios profesionales de esta Facultad el plan que para la carrera de injenieros civiles, jeógrafos i de minas decretó el Supremo Gobierno en 1853. Faltan solamente para poner dicho plan en ejecución en todas sus disposiciones algunas clases de aplicación más inmediata, como la de jeometría descriptiva aplicada al corte de piedra i madera i la de construcción de máquinas. Anhelan en lo demás los profesores de esta Facultad por limitar la enseñanza de los ramos profesionales a lo más práctico, mas útil i mas aplicable a las necesidades del país, sin desatender por eso lo mas sólido i fundamental de la ciencia[147].

144 I. Domeyko, *óp. cit.*, p. 579.

145 Ver Serrano, *óp. cit.*, p. 212.

146 Decreto 12 marzo de 1874. Boletín de Leyes y Decretos, tomo 42, p. 151.

147 Instrucción Pública en Chile. Su actual estado, según la Memoria del señor Ministro del ramo, en los documentos anexos, presentada al Congreso Nacional en 1876. *Anales de la Universidad de Chile*, 1876, Congreso Nacional en 1876. *Anales de la Universidad de Chile*, 1876, Tomo 50, pp. 286-402. Cita en p. 309.

Evidentemente no había la necesaria presión social y económica para desarrollar la ingeniería en forma. Ya hicimos notar la situación de los ingenieros de minas con el código dictado en 1874. Algo similar ocurría con el rol de los ingenieros en el Estado. En 1874 se envió al Congreso un proyecto de reorganización del Cuerpo de Ingenieros Civiles, la cual también fracasaría y sería nuevamente propuesta en 1877[148]. Es interesante observar cómo va cambiando lentamente la percepción de lo que se espera de los ingenieros y las obras. En el mensaje de 1877 al Congreso, firmado por el presidente Aníbal Pinto y ministro del Interior José Victorino Lastarria, se señala:

> [El gobierno] ha arribado después de una serie de largos estudios y consultas, a arreglar una organización en que el cuerpo de ingenieros tenga el estudio científico de todas las obras públicas, y se encargue de preparar todos los proyectos de las que se proponga o determinen, dejando la ejecución a las empresas que más ventajas ofrezcan en una licitación[149].

En el proyecto se cambiaba el nombre de "Cuerpo de Ingenieros Civiles" por "Dirección de Obras Públicas". Tenía tres secciones: ferrocarriles, carreteras, caminos, calzadas y telégrafos; edificios públicos, puentes, muelles y demás construcciones hidráulicas y terrestres; y topografía (y minas)[150]. Es el comienzo de un proceso que culminaría con un intento de reformas radical del abordaje de las ingenierías durante los gobiernos de Santa María y de Balmaceda.

5.2. La ley orgánica de la Universidad de Chile de 1879

Las dificultades de la ingeniería de alguna manera reflejaban el estado de la sociedad chilena. Se comenzaba a producir lentos cambios del orden conservador-hacendal debido a la emergencia de las ideas liberales, y en nuestro terreno, del paradigma industrializador[151]. En el terreno educacional esto se reflejó en la ley orgánica de 1879, que cambia la uni-

148 Ernesto Greve. *Historia de la Ingeniería en Chile*. Tomo II, p. 383. Sobre el estado del Cuerpo de Ingenieros, ver Daniel Barros Grez. *Motivos de una renuncia, o sea, el gobierno i el Cuerpo de Ingenieros Civiles en sus relaciones con el interés público*. Santiago, Imp. Ferrocarril, 1872.

149 Greve, *óp. cit.*, p 384.

150 *Ibídem*.

151 Bárbara de Voz Eyzaguirre. *El surgimiento del paradigma industrializador en Chile (1875-1900)*. DIBAM, 1999.

versidad de una matriz fundamentalmente orientada a dar servicios al Estado (como fue concebida en 1842) hacia una orientada a formar profesionales (privados). Para los asuntos internos de los estudios, la ley mantiene un fuerte control desde el Estado hacia los programas. Los artículos más relevantes al respecto son:

> Art. 23: Los ramos de las carreras se deberán aprobar con el Consejo Universitario escuchando a las facultades y deberán ser aprobados por el Presidente de la República.
>
> Art. 24. El Presidente de la República, así como a petición de la facultad, pueden crear nuevas clases.
>
> Art. 50. El título de licenciado en la FCFM se considerará como título profesional de ingeniero geógrafo, e ingeniero de minas y de ingeniero civil, según las pruebas prácticas que se exijan a los que lo obtuvieron.
>
> (El título de médico cirujano se expedirá por el Rector de acuerdo con el CU, y el de abogado por la Corte Suprema, una vez rendidos los exámenes correspondientes.)[152].

Para el desarrollo que sigue, lo relevante es que de alguna manera esa ley separa de manera bastante tajante lo técnico de lo universitario, dos aspectos que hemos visto venían siendo uno de los conflictos de todos esos años en los estudios de ingeniería. Escribe Enrique Marshall que "la ley no contiene, como respecto de la Educación Secundaria y Superior, un conjunto coordinado de disposiciones que reglamenten el funcionamiento de escuelas donde se proporcione una enseñanza de tipo profesional inferior a la universitaria". Se dejaba al Presidente la posibilidad de crear en los liceos cursos especiales de aplicación práctica. Pero, sigue Marshall, "cuando llegó el momento de atender en forma efectiva a la necesidad de impartir enseñanza universitaria de tipo medio profesional, se prefirió crear establecimientos especializados bajo la dependencia inmediata del Ministerio"[153].

En este estudio nos hemos enfocado en la enseñanza en la universidad. Pero es importante señalar que la Escuela de Artes y Oficios (EAO) desde sus mismos orígenes intentaba elevar los estudios técnicos hacia

[152] Ley de Instrucción secundaria y superior. 9 de enero de 1879. En: Anguita. *Leyes desde 1810 hasta 1901*. Tomo II, Santiago, Imp. Nacional, 1902, pp. 337-343.

[153] Enrique Marshall. *Leyes, Decretos y Reglamentos de la Universidad de Chile*. Edic. Universidad de Chile, 1953-54.

las ingenierías. Por ejemplo, durante este periodo en la EAO se imparte una carrera similar a una ingeniería mecánica, a la cual no se le permite otorgar el título de ingeniero. Las tensiones entre estos dos ámbitos de estudio, una ingeniería teórica universitaria, que desde allí intenta bajar a lo práctico, y unos estudios técnicos en la EAO, que desde la práctica intentan adicionar la teoría, se desplegarán en la década de los años 1880. El director de la EAO, el ingeniero José Zegers, argumentaba de esta forma esa preocupación en un informe de 1876:

> La experiencia es una enseñanza segura pero cruel, y esta es la que han adquirido respecto de las industrias madres, comercio, agricultura y minería, nuestros hombres de negocios en los primeros años de vida de Chile como nación, y ninguno desconoce al presente el benéfico influjo ejercido sobre la última de éstas, por la instrucción técnica que para obtener el título de Ingeniero de minas se requiere desde que se creó esta profesión. [...] Pero mientras tanto, para la industria fabril y manufacturera no hay en Chile otro promotor directo que la Escuela de Artes y Oficios, acerca de cuyo papel en la industria general del país, no todos se dan cuenta exacta[154].

José Zegers enfrentaba el dilema del país y proponía para ello fundar un "Instituto Industrial de Artes y Manufacturas". No es sorpresa que entre las principales dificultades indicara el tema del prestigio social a que hemos venido haciendo referencia:

> [...] para propagar la instrucción industrial encontramos todavía otro obstáculo [...] la enseñanza que se da en nuestros colegios no contribuye a hacer que se estimen debidamente las funciones industriales que son tan libres como las llamadas liberales [...] La enseñanza a que me refiero no manifiesta la unión que existe entre la ciencia y la práctica; y la educación de familia y la preocupación común hace que hasta cierto punto se desdeñen las profesiones industriales considerándolas como inferiores a las otras[155].

Los dilemas de la ingeniería como la profesión que encarna la integración de lo teórico con lo práctico, de la ciencia con la técnica, se agudizarán en el periodo siguiente. (Abordaremos con algo más de detalle los estudios de la EAO en el capítulo final de este estudio.)

154 Citado por Castillo, *EAO*, p. 100.
155 Citado por Castillo, *EAO*, p. 101.

Capítulo 6
Disputas por el carácter de la Ingeniería: ¿práctica o teórica? ¿Especialismo o generalismo? (1884-1899)

Los gobiernos de Domingo Santa María (1881-1886) y José Manuel Balmaceda (1886-1891), aprovechando las bonanzas fiscales que significaban las entradas del salitre debido a los nuevos territorios incorporados, cierran un ciclo de cambios hacia una sociedad más liberal, desarrollan un plan de fortalecimiento de las obras públicas y un impulso hacia la industrialización del país, y liquidan los enclaves coloniales/religiosos que iban quedando[156]. Muchos de estos factores hacen elevar la importancia de la ingeniería en el país. A nivel material, será muy relevante (como fuente de desarrollo y ocupación ingenieril) la consolidación del espacio territorial del país (territorios anexados por la Guerra del Pacífico, la "ocupación" de la Araucanía) y los nuevos ingresos obtenidos de la producción del salitre en los nuevos territorios del norte. Pero, sobre todo, incide en las ingenierías el ideario liberal industrialista, consolidado con los inicios del gobierno de Santa María.[157] Sin duda, también incide la creciente presencia de ingenieros en los gobiernos de Santa María y Balmaceda[158]. Cabe destacar a ingenieros muy cercanos a los gobernantes; por ejemplo, el ingeniero y académico de la FCFM Pedro Lucio Cuadra, ministro de Hacienda de Santa María y luego del Interior de Balmaceda, y el ingeniero Víc-

156 Simon Collier, William Sater, *Historia de Chile 1808-1994*. Edit. Cambridge Univ. Press. 1998. Tercera parte: La era del Salitre. Hernán Ramírez Necochea. "Panorama de la vida chilena en la época de fundación del Instituto Pedagógico". En: *Instituto Pedagógico 1889-1964*. Universidad de Chile, 1964. pp. 43-57. Julio Heise González. *150 años de evolución institucional*. Edit. Andrés Bello, 1976. Segunda Parte, Cap. 2. El Parlamentarismo Liberal (1861 a 1925).

157 Marcello Carmagnani. *Desarrollo Industrial y Subdesarrollo Económico. El caso chileno (1860-1920)*. DIBAM, 1998. Eduardo Cavieres, "Industria, Empresarios y Estado. Chile, 1880-1934. ¿Protoindustrialización o industrialización en la periferia?". En: Carmagnani, *óp. cit.*, pp. 11-30.

158 Benjamín Armijo, Claudio Gutiérrez. "Ingenieros y poder político en Chile 1810-1973. Ensayo de interpretación de la evolución de su participación parlamentaria y ministerial". *Historia 396*, Vol. 11, Núm. 1 (2021). Gráfico 1.

tor Domingo Santa María, hijo el presidente Santa María, y destacado ingeniero titulado de ingeniero geógrafo en 1874 y de minas en 1875 en la Universidad de Chile e ingeniero civil en 1878 en la Universidad de Gantes.

Ya hacia 1884 el presidente Santa María había propuesto al Congreso la creación de la Dirección de Obras Públicas, que se implementaría cuatro años después en 1888, un año después de la ley de ministerios (1887) que creó el Ministerio de Industria y Obras Públicas y el de Colonización. Las tareas asignadas a estos ministerios conformaban un verdadero programa de las necesidades de la ingeniería del país: protección y desarrollo de la industria; reglamentación de cultivos, bosques y distribución de aguas; construcción y dirección de los ferrocarriles del Estado; apertura, reparación y conservación de caminos, puentes, calzadas y vías fluviales; construcción de edificios nacionales, diques, muelles, faros y monumentos públicos; telégrafo y telefonía estatal; canales y acequias y desecación de lagunas hechas por el Estado; formación de la estadística y planos del territorio nacional[159]. El grueso de los ingenieros se concentraría en la Dirección de Obras Públicas (a cargo de la cual quedó Víctor Domingo Santa María), que tenía cuatro secciones: Ferrocarriles y Telégrafos; Puentes, Caminos y Construcciones Hidráulicas; Arquitectura; y Minas, Geografía y Geodesia.[160] Este será un espacio privilegiado para el desarrollo de ingenieros en el país.

Es importante resaltar el ambiente existente hacia la ingeniería. Junto a estas iniciativas desde el gobierno había otras desde la sociedad. En 1888 se fundó el Instituto de Ingenieros de Chile (que era la unión de dos agrupaciones existentes, una de profesionales y otra de estudiantes). Esta agrupación gremial tendría una vital importancia en aumentar el prestigio de la profesión, al consolidarse como una voz técnica y profesional del mundo de la ingeniería[161]. Sumado a lo anterior, la institucionalidad del Ministerio les aseguraría a los egresados un campo laboral más estable. Por otro lado, los industriales, donde los ingenieros jugaban un importante rol, crean la Sociedad de

159 Germán Urzúa Valenzuela y Anamaría García Barzelatto. *Diagnóstico de la burocracia chilena (1818-1969)*. Santiago, Edit. Jurídica de Chile, 1971, pp. 84-85.

160 Ley orgánica, 27 enero 1888. Anguita, *Leyes*, tomo II, p. 612.

161 *Anales del Instituto de Ingenieros de Chile. Ingeniería y Sociedad. 1889-1929*. Cámara Chilena de la Construcción-PUC-Biblioteca Nacional, 2011.

Fomento Fabril, SOFOFA, el 7 de octubre de 1883[162]. Esta institucionalización fue acompañada de diversas iniciativas, entre las que destaca la Exposición Nacional que se realizó en la Quinta Normal de Agricultura en 1884, y en la que participaron más de 30 industrias representativas de un amplio abanico productivo de todo el país.

Todo ello daba prestigio y consolidaba la profesión, ayudando, de forma indirecta, a promover el aumento del interés por los estudios de ingeniería. Sin embargo, en muchos aspectos el diseño estructural permanecía. La ley de ministerios de 1887 por un lado creó el Ministerio de Obras Públicas, consolidando de esta manera la necesidad de desarrollar infraestructura y personal técnico para el país, y que fue un espacio privilegiado para el desarrollo de las ingenierías. Pero, por otro lado, esa misma ley consolidó la separación de la educación "científica" de la técnica (idea que ya estaba en la ley de ministerios de 1837), dictaminando que bajo el Ministerio de Justicia e Instrucción Pública quede "el desarrollo y fomento de la instrucción pública" y "los museos, bibliotecas públicas, observatorios astronómicos, y meteorológicos, y de los depósitos literarios y de bellas artes", y que bajo el Ministerio de Industrias y Obras Públicas quede "la organización y sostenimiento de las escuelas de artes y oficios, agricultura, minería y demás escuelas de aplicación"[163].

En esos años (1884-1889) tiene lugar un interesante debate sobre la enseñanza técnica y su relación con la ingeniería: no es este el lugar para analizarlo en profundidad, pero tiene mucho que ver con la separación (segregación) entre la enseñanza técnica y la de la ingeniería[164]. En ese debate tuvieron un importante rol los empresarios que querían mano de obra inmediata para sus industrias, por oposición a la propuesta de formar lo que hoy llamaríamos "innovadores", esto es, artesanos con conocimientos e iniciativa para desarrollar ellos mismos productos e industrias.

Considerando el *boom* de obras públicas y la institucionalidad del Ministerio de Obras Públicas, los ingenieros civiles lograron consolidar un espacio laboral en el Estado al cual vincularse, a diferencia de los ingenieros de minas, los cuales mantenían un ejercicio profesional más independiente o ligado a privados[165]. Las curvas de la Figura **2**

[162] Juan Eduardo Vargas C. "La Sociedad de Fomento Fabril (1883-1928)". *Historia*, Vol. 13 (1976), pp. 5-53.

[163] Ley de Ministerios 3.034, del 21 junio 1887. Anguita, *Leyes*, Tomo II, pp. 560-564.

[164] Castillo, *EAO*, pp. 140 y ss.

[165] Parada-Hoyl, *óp. cit.*, p. xxvii.

muestran estas tendencias con el alza de titulación de los civiles y la continuación del descenso de los mineros. Agreguemos que la profesión de ingeniero geógrafo se eliminó en 1889, aunque el éxodo hacia la ingeniería civil había comenzado antes.

6.1. El plan de 1889 y el intento de acercar la ingeniería a las necesidades industriales

Como hemos visto, el plan de estudios de 1853 se había mantenido con muy pequeñas variaciones a pesar de los intentos de reforma. A comienzos del gobierno de Santa María se inició una nueva ola de discusiones que culminó en el plan de 1889. En su memoria de 1883 el ministro de Justicia, Culto e Instrucción Pública José Ignacio Vergara (ingeniero geógrafo de profesión) señalaba: "El vacío que se trata de llenar en los estudios de matemáticas tiene su origen en la deficiencia de su misma organización". Y para mejorar esa organización proponía:

> 1. Completar los ramos de enseñanza con la creación de las dos clases que he indicado ántes, esto es, la de dibujo i construccion de máquinas i la de aplicaciones de la jeometría descriptiva al corte de piedra i de maderas i a la perspectiva [...]
>
> 2. Obligar a los alumnos de la clase de dibujo i de construcción de máquinas a que trabajen por cierto tiempo en los talleres de la escuela de artes i oficios bajo la dirección de los maestros de este establecimiento, i ejecuten las obras que les designe el profesor; a los aspirantes al título de injeniero civil, obligarlos asimismo a tomar parte en los trabajos de construcción de puentes i caminos, manejo de máquinas, nivelaciones, etc, bajo la dirección de los injenieros a cargo de los cuales esté la ejecución de esas obras; i a los que se dediquen a la carrera de injenieros de minas, obligarlos también a que practiquen por algún tiempo en los injenios i establecimientos mineros, tomando parte personalmente en los trabajos que conciernen a la dirección de las obras de esplotación, ventilación, arquitectura subterránea, apertura de socabones, armado i manejo de máquinas, construcción de hornos, labores de ensaye i de fundición, etc.[166]

[166] Instrucción pública: su estado en Chile en el año último, según la memoria del Ministro del ramo al Congreso nacional, i según los documentos a ella anexos. *Anales de la Universidad de Chile*, 1883, Tomo 63, pp. 304-469. Cita en pp. 314-315.

El ministro Vergara indicaba que se debía exigir pruebas prácticas más que orales, y dar facilidades (subvenciones) para viajes de estudiantes a estos trabajos prácticos. En esta línea de incentivar esa formación, se crea en 1883 el Laboratorio de Ensayes[167], y en 1884 comenzó a contratarse profesores extranjeros de temas prácticos de ingeniería y se crean clases de mecánica aplicada y construcción de máquinas[168].

El 16 de noviembre de 1883 la Facultad propuso formalmente algunas reformas en un plan que no satisfizo a las nuevas autoridades del país. El decano Uldaricio Prado[169], recién nombrado en 1884, que simpatizaba con la idea de acercar la ingeniería a las necesidades prácticas del país, presentó a la Facultad una nueva propuesta que apuntaba a un cambio radical en la tradición de los ingenieros como profesión de élite. Sostenía Prado:

> Con el fin de preparar al desempeño de cargos públicos y para los trabajos y empresas de las industrias en general, como asimismo el que requiere el ejercicio de las profesiones científicas, convendría distribuir los ramos de estudios en la Facultad de Matemáticas en cuatro años, teniendo en vista, en cuanto fuere posible, que los que hubieren hecho el primer año de estudios, queden habilitados para ejercer la profesión de constructores, por ejemplo, si no continuasen, sirviendo a la vez este año de preparación para el siguiente o para seguir el curso que forma ingenieros agrícolas en el Instituto Agrícola; los que hubieren hecho el primer y segundo años, queden habilitados para poder ejercer una profesión, como administradores industriales, ensayadores o fundidores; los que hubieren hecho el primero, segundo, tercero y cuarto años, la de ingenieros geógrafos, que serían licenciados en matemáticas; y los que hubieren hecho los estudios del primero, segundo, tercero y cuarto años, la de ingenieros de minas, metalurgistas o bien las de ingenieros civiles y arquitectos[170].

167 *Anales de la Universidad de Chile*, LXIV, 1883, p. 412.

168 *Anales de la Universidad de Chile*, LXVI, 1884, p. 432.

169 Uldaricio Prado (1814-1895) se tituló de ingeniero de minas en 1864. Continuó sus estudios en Europa y de vuelta al país en 1868 fue nombrado miembro académico y profesor de Explotación de Minas y Metalurgia. Fue decano de la FCFM entre 1884 y 1892. Fue también rector del Instituto Nacional y parlamentario.

170 Uldaricio Prado. Nota leída por el Decano en sesión del 2 de enero de 1889. *Anales de la Universidad de Chile*, 1889, tomo 75. Cita en la página 202. (Contiene copia de diversos documentos).

Este revolucionario plan requería también reformar acordemente los planes de la instrucción media en su parte matemática, que debían seguir quienes quisieran ingresar a ingeniería. Es así como en 1885 se aprueba el nuevo plan de estudios preparatorios del curso universitario de matemáticas que modificaba el de 1881, eliminando el álgebra superior, la geometría de tres dimensiones y la geometría descriptiva, aliviando el ingreso a la carrera[171].

Después de una larga discusión en la FCFM, y superados varios obstáculos, en 1888 se presentó un nuevo plan que intentaba "armonizar los estudios que deben cursarse en esta Facultad con las necesidades del país y el adelantamiento de las ciencias"[172]. Este plan enfatizaba la práctica, pero mantenía de alguna manera el carácter generalista de la profesión y dejaba solo dos especialidades: ingenieros civiles y mineros. El gobierno, sin embargo, por medio de su ministro de Justicia e Instrucción Pública Julio Bañados, objetó el plan, sosteniendo que:

> [...] el especialismo y la multiplicación de profesiones son las tendencias características de la instrucción superior en las más afamadas Universidades europeas y americanas. Casi todos los planes de estudios de las diferentes Facultades están combinados de modo que los estudiantes encuentren los medios fáciles y expeditos para dedicarse a un orden especial de conocimientos. [...] Creo que ha llegado la hora de resolver en la Facultad de Matemáticas el problema del especialismo en la instrucción por medio de la multiplicidad de profesiones[173].

Las ideas del ministro Julio Bañados tenían tres ejes:

1. Que la secundaria no debe contener especialización en matemáticas, luego esta debe considerarse en la Universidad;
2. Un plan común de conocimientos generales para todos los estudiantes;
3. Que para cada una de las "profesiones especiales" que convenga crear, debe haber exámenes, títulos y grados especiales y distintos.

171 Decretos del 7 de enero de 1881 y del 29 de mayo de 1885 respectivamente.

172 Prado, *óp. cit.*, p. 206.

173 Antecedentes, objeto y alcance del plan de estudios de Ciencias Físicas y Matemáticas. En: Prado, *óp. cit.*, pp. 211-212.

Y sugería una lista de profesiones, que de alguna manera representaban un giro copernicano respecto de la concepción de las ingenierías vigente: ingenieros civiles, de minas, de ferrocarriles, hidráulicos, de máquinas, geógrafos, arquitectos, químicos industriales[174].

Uldaricio Prado, en una elaborada presentación a la Facultad, desarrolla diversos argumentos para convencer a sus colegas de la necesidad de tomar estas ideas[175]. Destacamos aquí las pruebas de ingresos especiales que reemplazarían al genérico Bachillerato, el sistema de cursos anuales que se profesen por semestre, y las salidas intermedias conducentes a títulos intermedios. Nombra como ejemplos inspiradores la Escuela Politécnica, Puentes y Calzadas, la Escuela Central de París, la Escuela de Ingenieros de la Universidad de Gantes, y Alemania, Italia, Suiza, España, Inglaterra, etc.[176]. El decano Prado argumentaba:

> Hasta ayer, nuestra escuela de ingenieros, al revés de lo que sucede en todo otro país adelantado, tenía un solo objeto y satisfacía una sola necesidad: la de ser un verdadero establecimiento de enseñanza pública en el que, por la ciencia y solo por la ciencia, se profesa y explica la del ingeniero, pero sin ser por esto el centro especial en que el Estado formase los ingenieros que necesita para determinados servicios públicos, como sucede en otras naciones. Con la creación de la Dirección de Obras Públicas nacionales se ha venido a ver la necesidad de llenar cuanto antes ese vacío y satisfacer esta necesidad[177].

El plan que había propuesto el gobierno era de 4 años e incorporaba un gran número de asignaturas, las cuales destacan por su enfoque orientado a las obras públicas e industrias. Algunos ejemplos de los nuevos cursos: Economía política y derecho administrativo con código de minas (ingeniería en minas) o aplicado a obras públicas (ingeniería civil); Explotación de ferrocarriles; Explotación de minas; Materiales de construcción; Puertos y señales marítimas; Geología aplicada a las construcciones; Máquinas (aplicado a minas); Química industrial y analítica. Estos cursos buscaban armonizar la formación

174 *Ibídem*, p. 213.

175 Prado, *óp. cit.*, pp. 213-243. Consideramos que esta presentación es uno de los intentos más serios de argumentar la forma que debieran tener estudios de ingeniería ligados a las necesidades del país.

176 Prado, *óp. cit.* p. 216.

177 Prado, *óp. cit.*, p. 220.

de ingenieros con las tareas que planteaba el nuevo Ministerio de Obras Públicas y con el desarrollo de la industria.

Desde la Facultad hubo visiones contrapuestas sobre el plan en los temas de las especialidades, de la duración de los estudios, y de las salidas intermedias[178]. La comisión designada por la FCFM para estudiar el plan del gobierno (compuesta por Uldaricio Prado, Washington Lastarria, José Ignacio Vergara, Manuel Antonio Bruna y Ricardo Fernández), emitió un informe el 7 enero 1889 que modificó el plan a 5 años (para incorporar ramos matemáticos iniciales) y fue muy estricta en el tema de no mezclar la formación de ingenieros con técnicos intermedios ("entre el obrero ejecutor y el ingeniero director"):

> Esta clase de profesiones deben formarse en cursos muy especiales [una escuela inferior anexa, dependiente de la de ingenieros], imposible de conciliar con las que deben formar ingenieros y que tienen por base las matemáticas en toda su amplitud, como asimismo la física y química, base de las ciencias. Sería lo mismo que querer sacar del curso único científico de medicina, albeitares ó sangradores[179].

El nuevo plan finalmente fue decretado por el gobierno el 11 de enero de 1889 y es un compromiso entre las ideas del gobierno y las de la Facultad. Comienza así:

> Art. 1. En la Facultad de Ciencias Físicas y Matemáticas de la Universidad se enseñarán los ramos de estudios teóricos y prácticos necesarios para formar: ingenieros-arquitectos; ingenieros de puentes, caminos y construcciones hidráulicas; ingenieros de ferrocarriles, telégrafos y puertos; ingenieros geógrafos y de minas; e ingenieros industriales y metalurgistas[180].

Como vemos, estaba orientada a entregar diversos títulos, pero en realidad mantenía un enfoque generalista de dos especialidades principales: Ingenieros civiles y de minas[181]. Uldaricio Prado señala:

178 Sesión extraordinaria del Consejo de Instrucción Pública del 10 enero de 1889. *Anales de la Universidad de Chile*, 1889, Tomo 76, pp. 5-68. Cita en pp. 24 y ss.

179 Prado, *óp. cit.*, pp. 244-248. Cita en p. 245.

180 *Ibídem*, *Anales de la Universidad de Chile*, 1889, pp. 48-52.

181 Digamos de paso, que esta década marca el término de los ingenieros geógrafos. Posteriormente a 1880, la carrera caería en desuso producto del desarrollo económico del país (Mellafe *et al. Historia de la Universidad de Chile*, p. 122.). La carrera fue suprimida en 1889, siendo su plan de estudios unificado con el del ingeniero civil, lo que ayuda a explicar el aumento del número de titulados de dicha carrera posterior a 1890.

> El objeto final del plan es dar la enseñanza necesaria para formar ingenieros civiles y de minas que simbolizan en sí la más alta expresión de conocimientos de ingeniería; pero esta no quiere decir, ni lo he pretendido, como lo he manifestado en notas y exposiciones en el Consejo de Instrucción Pública, que dentro del plan que forma un ingeniero civil ó de minas, no puedan adquirirse conocimientos suficientes para pretender títulos especiales de competencia correspondientes á la clase de conocimientos que se hayan adquirido y que satisfagan las necesidades del Estado y de la industria en general. Precisamente, el estudio detenido de este plan hace ver que dentro de él pueden obtenerse conocimientos suficientes y limitados á un orden que corresponda a una profesión y competencia determinada, de las muchas que el plan encierra[182].

Las nuevas materias generaron la necesidad de contratar nuevos profesores extranjeros para Caminos ordinarios e hidráulica práctica; Cimientos, puentes y túneles; Arquitectura; Caminos de hierro y explotación de ferrocarriles; Puertos y señales marítimas; Física industrial y tecnología; y Construcción en general[183]. Esto se tradujo en la llegada de profesores europeos, entre ellos Luis Cousin, Carlos Köning, Alfonso Nogues, Jacobo Krauss y Alberto Obrecht[184].

El plan por año quedó finalmente de la siguiente forma[185]. Primeros dos años comunes ("Curso preparatorio"):

Primer año: Geometría analítica (dos y tres dimensiones); Álgebra superior; Cálculo diferencial e integral; Geometría descriptiva (con aplicaciones); Dibujo y trabajos gráficos. Todos de 2 semestres y 6 horas semanales.

Segundo año: Mecánica racional e hidráulica teórica (2 semestres); Topografía: parte teórica (1er. semestre), instrumentos y práctica especial (2do. semestre); Estereotomía[186] (2do. semestre); Física general (2 semestres); Química general (2 semestres); Dibujo, trabajos gráficos prácticos. Todas 6 horas semanales.

182 Prado, *óp. cit.* p. 214.

183 Sesión extraordinaria del Consejo de Instrucción Pública del 17 de enero de 1889. *Anales de la Universidad de Chile*, enero y febrero de 1889, Tomo 76, pp. 5-68. Cita en la página 65.

184 Santiago Marín Vicuña. "Nuestros ingenieros: Don Domingo Víctor Santa María 1854-1919". *Anales del Instituto de Ingenieros de Chile* (12), 1934, pp. 587-615. Ver pp. 599-600.

185 Acta del Consejo de Instrucción Pública, *Anales de la Universidad de Chile*, 1889, Tomo 76, pp. 5-68. El plan de estudios se encuentra en las páginas 48-52.

186 Estereotomía es el "arte de cortar piedras y otros materiales para utilizarlos en la construcción" (Dicc. RAE).

Luego vienen tres años de especialidad, en dos posibles salidas: Curso especial para los ingenieros arquitectos; de puentes, caminos y construcciones hidráulicas; y de ferrocarriles, telégrafos y puertos, y Curso especial para ingenieros geógrafos y de minas; e industriales y metalurgistas.

El curso especial para los *ingenieros arquitectos; de puentes, caminos y construcciones hidráulicas; y de ferrocarriles, telégrafos y puertos* continuaba así:

Tercer año: Resistencia de materiales y estabilidad; Geología aplicada a las construcciones; Materiales de construcción y construcción general; Astronomía y geodesia; Dibujo, trabajos gráficos y prácticos. Todos de 2 semestres y 6 horas semanales.

Cuarto año: Máquinas; Cimientos, puentes y túneles; Caminos ordinarios e hidráulica práctica; Arquitectura; Dibujo, trabajos gráficos y prácticos. Todos de 2 semestres y 6 horas semanales.

Quinto año: Caminos de hierro, explotación de ferrocarriles (2 semestres); Puertos y señales marítimas (2 semestres); Economía política, derecho administrativo aplica do a las obras públicas (Un semestre); Dibujo, trabajos gráficos y prácticos. Todos de 6 horas semanales.

Por su parte, el curso especial para *ingenieros geógrafos y de minas, e industriales y metalurgistas* continuaba así:

Tercer año: Máquinas (curso especial aplicado a las minas); Mineralogía y ensayes al soplete; Física industrial, tecnología y química analítica; Astronomía y geodesia (igual al curso de ingenieros arquitectos, de puentes, etc.); Dibujos, trabajos gráficos y prácticos. Todos de 2 semestres y 6 horas semanales.

Cuarto año: Materiales de construcción y construcción general (primera parte); Geología general y aplicada; Docimasia, química industrial y analítica; Explotación de minas, primera parte (mensura y laboreo); Dibujos, trabajos gráficos y prácticos. Todos de 2 semestres y 6 horas semanales.

Quinto año: Construcción general (segunda parte) (1er semestre); Contabilidad (segundo semestre); Metalurgia general (primer semestre); Explotación, segunda parte (preparación mecánica) (segundo semestre); Metalurgia especial (2 semestres); Economía política y derecho administrativo con código de minas (Un semestre); Química analítica (Un semestre); Dibujo, trabajos gráficos y prácticos. Todos de 6 horas semanales.

Y el programa agregaba: "Todos los cursos se abrirán anualmente y se enseñarán por semestres en seis horas semanales, sin incluirse en este tiempo las prácticas y dibujos que deben hacerse anexos a cada curso".

Podemos apreciar que el nuevo plan es extraordinariamente ambicioso en los cambios que se proponía, aunque muy a tono con ciertos desarrollos en Europa. En efecto, este se basaba en el programa de la Escuela especial de ingenieros de caminos, canales y puertos de Madrid[187]. Es importante destacar que esta escuela española sigue el modelo de enseñanza de la escuela politécnica francesa[188]. El modelo de ingeniería de Madrid que se toma como referencia posee una tradición francesa enfocada a la alta administración del Estado y cuyas principales especialidades son la Ingeniería de Caminos y de Minas[189]. Se puede notar su similitud con el plan de la escuela de caminos de París, cuyo plan abrazaba: construcción de caminos, puentes, caminos de hierro, canales, puertos marítimos, mejoramiento de los ríos, arquitectura civil, mecánica aplicada, resistencia de los materiales e hidráulica, máquinas de vapor, hidráulica agrícola, etc.[190]. El ingeniero francés Alfonso Nogues, quien reporta esto, indicaba también los cursos de la escuela francesa:

> Los cursos de la escuela comprenden: esplotación de minas, máquinas, hidráulica, motores hidráulicos, termodinámica, metalurjia (2 años). Combustibles: metalurjia especial del hierro, docimasia (2 años, 80 lecciones), mineralojía, paleontolojía, jeolojía (2 años, 84 lecciones). Construcción: resistencia de materiales, materiales de construcción, mampostería, construcciones hidráulicas, aire comprimido, construcciones en madera,

[187] Alfonso Nogues, "Escuela especial de Ingenieros. Una reforma". *Anales de la Universidad de Chile*, 1892, Tomo 81, pp 925 - 955. Ver pp. 937-938. Esa escuela tenía el siguiente plan de estudios: *Curso preparatorio*: Cálculo integral, mecánica racional, física, química. *Primer año*: Mecánica Aplicada a las construcciones, estereotomía, geología aplicada a las construcciones, materiales de construcción. *Segundo año*: Hidráulica teórica, máquinas, construcción general, geodesia. *Tercer año*: Cimientos, puentes y túneles, hidráulica práctica, caminos ordinarios, arquitectura. *Cuarto año*: Caminos de hierro, puertos y señales marítimas, economía política y derecho administrativo. Dibujos y trabajos gráficos todos los años.

[188] Para más detalles véase: Reseña histórica de la Escuela Especial de Ingenieros de caminos, canales y puertos, desde su creación hasta 1873. Madrid, Imp. Rivadeneira, 1873. Sin autor.

[189] Entre 1800 y 1900, en Madrid cerca del 30,63% de los estudiantes optaba por la Ingeniería de Minas, un 31,21% por la de Caminos y solo un 10,4% por la Ingeniería Industrial. Paralelamente, en Barcelona un 83,87% optaba por la ingeniería industrial, frente al 2,79% y 9,03% que egresan de ingeniería de Minas y de Caminos, respectivamente. Para más detalles ver: Aingeru Zabala. "Una inversión estudiar en el extranjero: ingenieros españoles del siglo XIX". *Quaderns d' História e Enginyeria*. Volumen XI, 2012, p. 310.

[190] Nogues, *óp. cit.*, p. 935.

> en hierro. Puentes: navegacion interior, canales, puertos marítimos, caminos de hierro, material de trasportes, locomotoras. Empleo del calor i del vapor: máquinas de vapor, agricultura, lejislación de minas, topografía i operaciones jeodésicas."[191]

Digamos finalmente que el plan produjo muchas dificultades curriculares de articulación con normas, títulos otorgados, profesores, infraestructura, etc. De hecho, hubo que dictar un "reglamento de pruebas para los aspirantes al título de ingeniero"[192] y un reglamento para la concesión del grado de bachiller para estos aspirantes[193].

6.2. El plan de 1893 y la nueva orientación generalista de los estudios

El plan de estudios anterior tuvo una corta vida. Hay varios factores que contribuyeron a ello. El primero y detonante, sin duda, fue el desenlace de la guerra civil de 1891, donde fue derrotado el gobierno que impulsaba el cambio del plan anterior, lo que permitió a los sectores más conservadores retomar el camino anterior y deshacer el espíritu de esa reforma[194]. Por otro lado, están las dificultades pedagógicas para implementar el plan mismo, tanto en lo referente a la falta de infraestructura material como de profesores, esto último agravado por las destituciones que siguieron a la derrota de Balmaceda en 1891. Finalmente está el malestar y protesta de los estudiantes con la desorganización que produjo el cambio de planes.

Veamos más en detalle los puntos anteriores. Respecto de las dificultades materiales y de espacio, es reveladora esta parte del informe del Ministro de Instrucción en 1892:

[191] Nogues, *óp. cit.*, p. 936.

[192] Boletín de Instrucción Pública. *Anales de la Universidad de Chile*, 1890, Tomo 78, pp. 87-123. El reglamento se encuentra en pp. 113-120.

[193] Boletín de Instrucción Pública. Sesión extraordinaria de 10 Octubre de 1890. *Anales de la Universidad de Chile*, 1890, Tomo 78, pp. 192-232. El reglamento se encuentra en pp. 194-197.

[194] Como vimos antes, el plan de 1889 fue un compromiso entre los académicos renuentes a los cambios con la propuesta presionada desde el gobierno por el ministro Bañados y apoyada por el decano Uldaricio Prado. Cousin en un artículo de 1894 alude lateralmente a las diferencias entre liberales y conservadores en estas materias en otros países como Bélgica. Este es un tema relevante que merece un estudio más detallado.

> El material de enseñanza que se encargó a Europa para las clases de Matemáticas i que acabó de llegar a mediados de 1891, ha quedado hasta ahora encajonado, por falta de local i de fondos. El laboratorio de Física industrial, falto de estanterías, tiene sus aparatos en estantes provisionales que no son otros que los mismos cajones en que vinieron, arreglados con algunas tablas más; colocacion que naturalmente desperfecciona los instrumentos, algunos de ellos de precisión. Igual falta de local i estanterías aqueja a las colecciones mineralójicas compradas para la Universidad en años anteriores i que están todavía sin abrir[195].

En lo referente a los profesores, entre 1891 y 1892, el cuerpo docente de la Facultad se modificó considerablemente. Después de la guerra civil se suprimieron las asignaturas de Economía Política y Derecho Administrativo y Contabilidad, pertenecientes al curso de Matemáticas de la Universidad, por considerar que no correspondía propiamente a dicha Facultad la enseñanza de esos ramos[196]. Además, los profesores que "habían aceptado empleos de la misma dictadura" fueron destituidos mediante el decreto supremo del 10 de septiembre de 1891[197]. Es así como el mismo decano Uldaricio Prado, ahora alineado con las nuevas autoridades, propuso la destitución de Ricardo Fernández (Resistencia de los materiales), Enrique Munizaga (Álgebra superior), Román Espech (Contabilidad) y Luis Antonio Vergara (Derecho administrativo aplicado a las minas)[198]. En un informe del Rector anexado en la Memoria

[195] Memoria del Ministro de Instrucción Pública de 1892. Biblioteca del Congreso Nacional (BCN). La cita se encuentra en los documentos anexos a la Memoria del Ministro, pp. 11-12. Es bueno recordar que la FCFM funcionaba en ese entonces en la Casa Central de la Universidad. El edificio de Beauchef es de 1922.

[196] Esto fue propuesto por el Decano de la Facultad de Filosofía y Humanidades Diego Barros Arana. Boletín de Instrucción Pública. Sesión del 5 de octubre de 1891. *Anales de la Universidad de Chile*, 1891, Tomo 80. Cita en p. 30.

[197] El argumento fue el siguiente: "[...]La mente de la Excma. Junta de Gobierno no había sido destituir a nadie sino el hacer constar que los decretos de la Dictadura no han podido producir efecto alguno siendo que los individuos que habían acep tado empleos de ella habían perdido, a su juicio, los que antes ejercían, abandonando así títulos buenos por otros que nada valían". Boletín de Instrucción Pública. Sesión del 28 de septiembre de 1891. *Anales de la Universidad de Chile*, 1891. Cita en p. 23.

[198] *Ibídem*, *Anales de la Universidad de Chile*, 1891, Tomo 80. Las destituciones propuestas por el Decano Prado se encuentran en las páginas 16, 29 y 30. Para un estudio sobre las destituciones ocurridas posterior a la guerra civil consultar: Patricio Aceituno y Ximena Azúa. "La guerra civil de 1891: una mirada desde la Universidad de Chile 130 años después" (7 septiembre 2021). Disponible en línea en: https://www.uchile.cl/noticias/179590/una-mirada-desde-la-u-de-chile-a-la-guerra-civil-de-1891

del Ministro de Instrucción Pública de 1892, se indicaba que aún no se llenarían las vacantes de dichas clases dado que "el Cuerpo de profesores hasta la fecha no ha determinado la forma en que deben llenarse"[199].

Finalmente está la desorganización producida por el nuevo plan. Recordemos que también está comenzando a implementarse el nuevo plan de estudios secundarios (plan concéntrico) que, entre otras cosas, indica quién debe enseñar los ramos matemáticos de fines de secundaria y comienzos de universidad. En octubre de 1892 se menciona que el cuerpo de profesores de la FCFM trata "las circunstancias que han dado orijen a diversas irregularidades en la distribución de los cursos i horas de clases"[200]. Preocupaciones similares se encuentran en la memoria del Ministro de Instrucción Pública:

> Con las disposiciones vijentes sobre bachillerato i con las corruptelas consuetudinarias de prolongacion excesiva de vacaciones, el año escolar queda disminuido en un mes i medio i algunos de los cursos no se concluyen, o si se concluyen, es sacrificando algunas materias de programa. En esta situación se encuentran los ramos de Matemáticas, para los cuales el Reglamento prescribe examenes semestrales en agosto i en enero. Con el sistema vijente no hai profesor alguno de Matemáticas que sea capaz de terminar sus lecciones, abarcando el ramo en su completitud, pues para comenzar se encuentra desde luego con que el primer semestre es apenas de tres o cuatro meses de duración. Ya se ha hecho costumbre suprimir los exámenes reglamentarios del primer semestre, i como el segundo también va quedando con el atraso inicial, hai profesores que no pueden materialmente terminar sus clases.
>
> I debo hacer presente a US. que estas irregularidades no son propias del año escepcional de 1892: han venido repitiéndose desde tiempo atrás, i ya pasa como la cosa mas natural, contando los asuetos de semana santa i fiestas patrias, que haya años escolares de ocho meses, lo que indudablemente va en detrimento de la seriedad de los estudios i en contra de las disposiciones vijentes[201].

199 Memoria del Ministro de Instrucción Pública de 1892. Biblioteca del Congreso Nacional (BCN). La cita se encuentra en los documentos anexos a la Memoria del Ministro, p. 10.

200 Boletín de Instrucción Pública. Sesión del 10 de octubre de 1892. *Anales de la Universidad de Chile*, 1892, Tomo 83, pp. CCLXIII- CCCXXXVI. Cita en p. CCLXX.

201 Memoria del Ministro de Instrucción Pública, 1892. *Óp. cit.*, pp. 6-7.

No solo las autoridades estaban preocupadas. Los estudiantes también tenían sus reparos tanto por el carácter (contenidos, largo, etc.) de los cursos, como por la articulación con los programas anteriores. Por ejemplo, en 1891 llegó al Consejo de Instrucción pública una solicitud de alumnos de matemáticas para que el curso de Física general se estudie en dos años[202]. Y en abril de 1894 (ya con un nuevo plan de 1893), otro grupo de estudiante pide que se respete su historia, pues se han incorporado "durante el vigor de las anteriores disposiciones"[203].

En este marco, el 6 de enero de 1893 el nuevo decano Washington Lastarria[204] de la FCFM expone la necesidad de elaborar un plan acorde a las "necesidades actuales"[205]. Posteriormente, en abril de 1894 se señala que "el plan de estudios dictado en 1889 no se ha planteado en su totalidad por diversos inconvenientes que presenta, y que es esta la causa por que la Facultad resolvió reemplazarlo por el actual"[206]. En lo propiamente académico, destaca una crítica a los estudiantes que "no tienen tradición ninguna, ni de trabajo ni de costumbres de escuelas especiales [...] lo que nuestros alumnos quieren es sacar título, un diploma, un papel, sin preocuparse de las obligaciones y trabajos que se necesitan"[207]. Buena parte de esto se achaca al intento de introducir flexibilidad en los planes.

El fondo de toda esta argumentación parece enmarcarse en buscar una salida del especialismo y volver al generalismo. Luis Cousin, quien "tomó parte activa" en su diseño, acusa "consideraciones políticas y personales" en la elaboración del antiguo plan. Se trata ahora de concentrar recursos, de evitar sobreposición de materias en diferentes ramos, de disciplinar estudiantes, de hacerlos reales ingenieros. Sostiene que en vez de viajes de estudios, laboratorios, etc., hay que preocuparse de una formación y disciplina de estudio estricta. También

202 *Anales de la Universidad de Chile*, 1891, *óp. cit.* p. 22.

203 D. Barros Arana. Abril de 1894. Boletín de instrucción pública. *Anales de la Universidad de Chile*, 1894, tomo 89, pp. 30-85. Cita en la p. 41. Parte de esta discusión puede encontrarse en el Boletín de Instrucción Pública de 1894. Para más detalles revisar: D. Barros Arana. Boletín de Instrucción Pública. Julio de 1894. *Anales de la Universidad de Chile*, 1894, Tomo 89, pp. 153-180. Comunicación del caso en la página 167.

204 Washington Lastarria (1846-1920) se tituló de ingeniero de minas en 1868. Fue nombrado profesor de Metalurgia en 1878 y elegido decano de la FCFM en 1892.

205 Acta del Consejo de Facultad, FCFM. 6 de enero de 1893.

206 Acta del Consejo de Facultad, FCFM, 5 de abril de 1894.

207 Alfonso Nogues, "Escuela especial de Ingenieros. Una reforma". *Anales de la Universidad de Chile*, 1892, Tomo 81, pp 925 - 955. Cita en p. 941.

Cousin señala que el nuevo diseño no solo conviene a la formación de ingenieros, sino a "las condiciones industriales de la República"[208].

De alguna manera, el plan de estudios de 1893 retoma la orientación tradicional que había tenido la Facultad destinada a formar la más alta expresión de conocimientos de ingeniería: Ingenieros de minas e Ingenieros civiles. También estructura rígidamente los cursos y horarios de los estudiantes, y los cursos vuelven a ser anuales.

Los dos primeros años estarán dedicados "principalmente a la formación científica de los alumnos" y "la parte técnica se enseñará en los tres años siguientes"[209]. También se indica que "la enseñanza teórica oral debe ser común para todos los alumnos, cualquiera que sea el título a que aspiren"[210].

El plan de 1893 (decreto del 24 de agosto de 1893)[211] se detalla a continuación:

Primer año: Geometría analítica de 2 a 3 dimensiones; Álgebra superior; Geometría descriptiva i aplicaciones; Física general; Química general; Dibujo, comprendiendo también el dibujo a mano alzada.

Segundo año: Cálculo diferencial e integral; Mecánica racional; Mineralogía; Topografía; Astronomía; Geodesia; Docimasia i química industrial; Dibujo.

Tercer año: Geología; Máquinas; Física industrial; Resistencia de materiales (1a. parte); Construcción general e industrial (1a. parte); Arquitectura; Dibujo.

Cuarto año: Construcción general e industrial (2da. parte); Resistencia de materiales (2da. parte); Hidráulica (1a. parte); Metalurgia (1a. parte); Explotación de minas (1a. parte); Cimientos, puentes i tuneles; Dibujo i laboratorios.

Quinto año: Hidráulica (2da. parte); Metalurgia (2da. parte); Explotación de minas (2da. parte); Ferrocarriles y caminos ordinarios; Administración, economía, lejislación i contabilidad industrial; Dibujo i laboratorio.

Esta reforma reúne en un solo plan todas las especialidades de 1889, esto es, generalismo llevado al extremo, y es bastante teórico. Enrique Labatut en 1895 en el Instituto de Ingenieros hace una ácida crí-

208 Luis Cousin. Enseñanza e Ingeniería. *Anales de la Universidad de Chile*, 1894, Tomo 87, pp. 25-35. El argumento sobre el generalismo en pp. 31-32.

209 Acta del Consejo de Facultad, FCFM, 6 enero 1893.

210 *Ibídem*.

211 Boletín de Instrucción Pública. Sesión del 4 de septiembre de 1893. *Anales de la Universidad de Chile*, 1893, Tomo 86. Decreto en pp. 212-214.

tica a estos estudios teóricos[212]. Pero los problemas inmediatos eran más terrenales: la desorganización aún existente en los programas y reglamentos, como lo muestran solicitudes de estudiantes y cambios de reglamentos. El decreto del 4 de mayo de 1896 definió un reglamento para los exámenes anuales de la facultad, el cual buscaba mejorar la organización del plan de estudios[213]. El nuevo reglamento se implementó después del proceso de matrícula, por lo que algunos estudiantes aún seguían sus cursos en desorden. Ante esto, el consejo de profesores tomó medidas para su implementación en 1896 y para promover la regularización de los estudios de dichos estudiantes, de forma de evitar que se tomarán los ramos en desorden[214]. También es importante señalar, porque será un tema que se irá instalando con el tiempo, la vuelta a la obligatoriedad en 1894 del ramo de Administración[215].

A nivel nacional, este cambio de las ingenierías fue acompañado muy pronto con la eliminación de la enseñanza superior de ingeniería en provincias. En efecto, en 1896 se elimina la enseñanza de la ingeniería de minas en Copiapó y La Serena. En su reemplazo se crean

212 Enrique Labatut. Consideraciones sobre el Arte del Ingeniero. *Anales del Instituto de Ingenieros*, 1895, pp. 419-433.

213 Artículo I: "Los estudiantes del curso superior de matemáticas rendirán al fin de cada año un examen de promoción que versará sobre todos los ramos comprendidos en el año respectivo, en conformidad al plan de estudios de 24 de agosto de 1893". Artículo II: "[...] Para inscribirse en ella deberá el estudiante presentar certificados: Del exámen de promocion inmediato anterior; De haber asistido a todas las clases del año que cursa; De haber ejecutado los ejercicios prácticos de dibujo, de proyectos i de laboratorios que los profesores le hubieren prescrito en conformidad al plan de estudios".
Además, este reglamento define un coeficiente de importancia para cada curso, según la carrera (Ingeniería civil o Ingeniería en minas), de manera que algunos cursos tienen mayor peso que otros en el examen anual, dependiendo de la carrera. Para más detalles revisar: Boletín de Instrucción Pública. Sesión del 11 de mayo 1896. *Anales de la Universidad de Chile*, 1896, Tomo 95, pp. 58-63.
El reglamento se encuentra en pp. 59-62. Los artículos mencionados se encuentran en las pp. 59 y 60. En noviembre del mismo año se menciona en el Consejo de Instrucción Pública "Una solicitud de algunos alumnos para que se reformen el plan de estudio i el reglamento de exámenes vijente". Boletín de Instrucción Pública. Sesión del 2 de noviembre de 1896. *Anales de la Universidad de Chile*, 1896, Tomo 95, pp. 163-168. Cita en p. 165.

214 Las medidas tomadas pueden verse en: Boletín de Instrucción Pública. Sesión del 23 de noviembre de 1896. *Anales de la Universidad de Chile*, 1896, Tomo 95, pp. 179-184. Cita en p. 182.

215 Decreto del 8 de junio de 1895. *Anales de la Universidad de Chile*, 1895, Tomo 92, pp. 111-138. El decreto se encuentra en la página 134.

becas para que cuatro alumnos de Copiapó y cuatro de La Serena puedan ir a estudiar a Santiago[216].

Para finalizar este proceso de redefiniciones en la FCFM en el periodo, en 1894 se propone un nuevo plan para Arquitectura desde la Facultad de Filosofía y Humanidades, de la cual formaba parte el curso de Arquitectura (aunque los títulos los otorgaba la FCFM)[217]. Finalmente, después de ser estudiado por la FCFM, se dictó en 1896 un nuevo plan de estudios para la carrera de arquitectura. Este plan comenzó a regir en 1900 y a partir de entonces y por varias décadas, hasta 1943, la Escuela de Arquitectura quedó bajo la tuición de la FCFM[218].

6.3. El plan de 1898: la ingeniería como profesión científica (más que técnica)

El plan anterior fue modificado nuevamente en 1898 para acomodarlo a cambios externos. Como se planteaba en una sesión del Consejo de la FCFM, esta modificación se debía a "la implantación del plan concéntrico para el Bachillerato, y en atención de la importancia cada día mayor de la física, la química y las máquinas para el ingeniero"[219]. Esencialmente el nuevo plan mantenía la duración de 5 años, pero aumentaba la formación común científica de 2 a 3 años, disminuyendo la formación diferenciada (de más orientación aplicada y práctica) de 3 a 2 años para cada especialidad. El nuevo plan de formación también permitía obtener el título de agrimensor luego de completar los 3 primeros años de formación común. El plan se dictó en el decreto del 22 de enero de 1898 y conducía a los títulos de ingeniero civil e ingeniero de minas. Cinco años después, el 31 de octubre de 1903, fue modificado ligeramente para incorporar los temas de electricidad, y

216 Decreto del 12 de agosto de 1896. *Anales de la Universidad de Chile*, 1896, Tomo 95, pp. 135-141. En decreto se encuentra en la página 140.

217 *Anales de la Universidad de Chile*, 1894, p. 250.

218 Boletín de Instrucción Pública. Anales de la Universidad de Chile, 1896, p. 166. El plan oficial se aprueba en 1901 según el libro de decretos. En enero de 1944 se crea la Facultad de Arquitectura.

219 Actas del Consejo FCFM. Sesión 25 noviembre de 1897.

abrir así el campo para la ingeniería eléctrica[220]. Este es el plan de 1903 que copiamos a continuación[221]:

Primer año: Jeometría analítica de dos o tres dimensiones; Algebra superior; Geometría descriptiva i aplicaciones; Física general, primera parte; Química general, primera parte; Dibujo a mano alzada.

Segundo año: Cálculo diferencial e integral; Mecánica racional y grafostática; Mineralogía (un semestre); Física general, segunda parte; Química general, segunda parte; Topografía.

Tercer año: Construcción general e industrial y tecnología, primera parte; Física industrial; Geología (un semestre); Máquinas, primera parte; Química analítica; Geodesia y astronomía; Resistencia de materiales, primera parte.

El Curso de *injenieros civiles* continúa así:

Cuarto año: Arquitectura [1903: sustituído por: Electrotecnia]; Construcción general e industrial y tecnología, segunda parte; Cimientos, puentes y túneles; Hidráulica, primera parte; Resistencia de materiales, segunda parte; Máquinas, segunda parte.

Quinto año: 1903: se incorpora: Arquitectura; Administración i economia; Ferrocarriles y caminos; Hidráulica, segunda parte; Química industrial; Máquinas, tercera parte.

Por su parte, el Curso de *injenieros de minas* sigue el mismo plan común, "salvo que los estudios de mineralojía i de jeolojia duraran un año entero", y continúa así:

Cuarto año: Arquitectura (primer semestre) [1903: sustituído por Electrotecnia]; Explotación de minas, primera parte; Docimasia; Resistencia de materiales, segunda parte (primer semestre); Máquinas, segunda parte.

Quinto año: [1903: se incorpora: "Arquitectura (primer curso)"]; Administración y economía; Esplotación de minas, segunda parte; Metalurgia, segunda parte; Química industrial; Máquinas, tercera parte.

220 Créase en la Escuela de Ingeniería una asignatura especial, facultativa o libre de electrotecnia, para que los alumnos que cursan ingeniería civil o de minas, puedan, mediante una mayor extensión de la enseñanza, ampliar sus estudios en ese ramo, en forma que los habilite para desempeñar las funciones de ingenieros electricistas dentro de la esfera de actividad que corresponde a esa profesión en el país; Decreto del 31 de octubre de 1903.

221 Decreto del 31 de mayo de 1899. Reglamento de grados i titulos FCFM. *Anales de la Universidad de Chile*, 1899, Tomo 102, pp. 99-124. El decreto se encuentra en las páginas 106 y 107.

Este plan permaneció como la columna vertebral hasta 1908, cuando se modificó nuevamente el plan de estudios. A partir de este punto, durante las primeras décadas del siglo XX se buscará acentuar el carácter práctico de la enseñanza y modernizar la formación en relación con el campo laboral y las tendencias observadas en los modelos de enseñanza de universidades extranjeras[222].

[222] *Los 100 años de la Escuela de Ingeniería. Óp. cit.*, p. 25.

Capítulo 7
Otros desarrollos: La Escuela de Ingeniería de la Universidad Católica y la Escuela de Artes y Oficios

El ambiente en torno al cambio de siglo (1900) es una época de gran discusión y desarrollo de los temas que hemos venido tratando. Expondremos aquí algunos de ellos.

7.1. La carrera de ingeniería en la Universidad Católica

La Universidad Católica se crea, por la jerarquía de la Iglesia, como lo expresa su primer rector Joaquín Larraín Gandarillas, como respuesta a "la implantación en nuestro país de ese sistema de educación que prescinde de la cultura moral sin Dios de la juventud". En sus inicios, la Universidad Católica en 1889 crea un curso Preparatorio de Matemáticas de dos años que permitía optar al Bachillerato en Matemáticas, y que sería la base para las posteriores carreras de ingeniería de la Universidad.

En 1892 se crea un curso llamado indistintamente de "Matemáticas", de "Agrimensura" o "Ingeniería Práctica", el cual a partir de 1896 sería denominado ingeniería Civil.[223] Además, en 1894 se crean los cursos de Construcción y Arquitectura. Luego de completar el curso preparatorio, el estudiante podía optar a cualquiera de los cursos anteriores (Agrimensura, Ingeniería Civil, Construcción y Arquitectura).

El plan de estudios del curso de Ingeniería de 1896, que se mantiene al menos hasta comienzos del siglo xx, tenía una duración de cuatro años y venía dado por:

[223] Ricardo Krebs, M. Angélica Muñoz, Patricio Valdivieso. *Historia de la Pontificia Universidad Católica de Chile 1888-1988*. Edic. PUC, 1988. Tomo I, pp. 54 y ss. Wren Starbuchi Chambers (Edit.). *Cien años de Arquitectura en la Universidad Católica*. Edic. ARQ, PUC, 1994, pp. 26-45.

Primer año: Aritmética; Álgebra; Geometría elemental; Geometría Descriptiva, Sombras y Perspectivas; Dibujo Lineal y a Mano Alzada.

Segundo año: Elementos de Geometría Analítica y de Cálculo; Topografía (primera parte); Química general; Materiales de Construcción y Elementos de Geología.

Estos cursos eran comunes con la carrera de Arquitectura (salvo énfasis en el dibujo)[224].

Tercer y *cuarto años*: Construcción, Materiales de Construcción, Manufacturas y Artes Industriales, Resistencia de Materiales y Estabilidad Gráfica. Agrimensura, Dibujo de máquinas y proyectos, y Nociones de Ferrocarriles, Túneles, Aguas Potables, Marcos, Represas y Alcantarillados[225].

En 1898 el Rector Rodolfo Vergara nombró una comisión para revisar y proponer reformas al plan de estudios vigentes. "Era particularmente importante adecuar la enseñanza a las verdaderas necesidades del país y con ese fin parecía conveniente reducir la extensión de los ramos teóricos y robustecer la formación práctica"[226].

Es importante destacar que, a diferencia de la Universidad de Chile, no existían requisitos de admisión (título de Bachiller o examen de admisión) para ingresar al curso de ingeniería (por eso el curso preparatorio). Esto se modifica en 1898, cuando se dictó un nuevo plan de 4 años que tenía como requisito general el Bachillerato en Humanidades. Entonces "[l]a carrera de Ingeniería se componía de tres grandes ramas: Trabajos Hidráulicos (puentes, represas, canales , drenaje, agua potable, desagües, navegación fluvial, aprovechamiento de fuerza motriz); Vías de comunicación (ferrocarriles, caminos, tramways, tracción mecánica y eléctrica, puentes, túneles, industrias fabriles); Explotación de Minas e Industrias Metalúrgicas"[227]. Sin embargo el curso de Minas sería suprimido debido a la baja cantidad de estudiantes y a que la universidad no disponía de la infraestructura necesaria[228].

224 Starbuchi, *óp. cit.*, p. 37. Krebs *et al.*, *óp. cit.*, p. 55.

225 Krebs *et al.*, *óp. cit.* p. 55.

226 *Ibídem*, p. 137.

227 *Ibídem*, p. 139.

228 La Comisión consideró que era conveniente suprimir el curso de Minas. Había muy pocos alumnos y no existían gabinetes adecuados. El hecho de que en la Universidad del Estado había igualmente un reducido número de alumnos demostraba que no existía un real interés por esta especialidad. Krebs *et al.*, p. 139. Ver también Starbuchi, p. 23.

Si bien la Comisión no se dedicó a elaborar los programas, propuso modificaciones y recalcó la importancia de algunos cursos. Escriben Krebs *et al.*:

> El Dibujo constituía "el lenguaje del ingeniero". [...]. El Dibujo debía capacitar al alumno para saber combinar los distintos elementos de una construcción a fin de obtener el resultado práctico que se esperaba. [...] El curso de Estabilidad era esencial en la carrera de Ingeniería. Abarcaba desde las materias más elementales de la Mecánica hasta los cálculos más complejos de las deformaciones elásticas[229].

La Comisión también propuso extender el curso a cinco semestres (se daba en cuatro) pues "con el tiempo de que ahora se dispone no se ha podido dar jamás la teoría de las piezas curvas, de las piezas sobre varios apoyos, ni un estudio completo de las cargas rodantes".[230] Continúan Krebs *et al.*:

> El curso de Hidráulica se dictaba año por medio, junto con el de ferrocarriles, puentes y túneles. Por tratarse de un ramo esencial, la Comisión estimó que debía darse en forma separada.
>
> Como ramo nuevo debía incluirse en el plan de estudios el ramo de Electricidad Aplicada que se refería a la electricidad como fuerza motriz usada en los tramways, los ferrocarriles eléctricos y los ascensores. Como otro ramo nuevo se introdujo también la Química industrial[231].

El plan de estudios inicial de la ingeniería en la Universidad Católica tuvo un foco más práctico, y apuntaba a captar los estudiantes de los colegios particulares y/o católicos. El desarrollo posterior, y el perfil que tomaría la ingeniería en la PUC, escapan del periodo que estudiamos[232].

229 Krebs *et al.*, *Historia de la Universidad Católica*. Tomo I, p. 139.

230 *Ibídem.*

231 *Ibídem.*

232 Macarena Ponce de León Atria, M. Francisca Rengifo Streeter, María José Vial Lyon. *Ayer y hoy: Escuela de Ingeniería Pontificia Universidad Católica de Chile*. Santiago, Chile, Eds. Universidad Católica de Chile, 2002.

7.2. La Escuela de Artes y Oficios (EAO) y la ingeniería mecánica

Cualquier estudio de la enseñanza de temas ingenieriles en Chile en la segunda mitad del siglo XIX debe necesariamente considerar la enseñanza de la EAO fundada en 1849. El estudio sistemático de Eduardo Castillo, *EAO La Escuela de Artes y Oficios* es obra de consulta imprescindible en esa dirección[233].

La EAO desde su fundación muestra las tensiones que dificultaban enlazar la práctica y la técnica con la teoría y la ciencia. Una primera tensión estaba entre los dos objetivos nunca explicitados de la EAO: por un parte, una escuela que ayudara a la "regeneración del pueblo" y a preparar mejores artesanos para las tareas de servicio de la oligarquía hacendal. Por otra, una que formara el personal necesario para desarrollar la industria en la forma de jefes de talleres; artesanos creativos que hoy se les llamaría innovadores; y técnicos de nivel intermedio que hicieran el necesario enlace con los ingenieros de nivel superior. Una segunda tensión es la que se produce en el financiamiento y en los objetivos de la Escuela. Desde sus comienzos, debido a los resultados inmediatos y prácticos que podían lograrse con los estudiantes (carpinteros, herreros, mecánicos, etc.), las diferentes autoridades se movían entre focalizarse en la producción inmediata para necesidades del Estado y de la misma Escuela (y así lograr el autofinanciamiento), y por otra, el privilegiar la formación de mediano plazo y luego la necesidad de financiar a los estudiantes que en su abrumadora mayoría no tenían recursos para mantenerse estudiando.

Su primer director, el ingeniero francés Julio Jariez[234] señalaba en 1854 respecto de la primera promoción:

> "El número de los jóvenes que va a salir es de diez y nueve. Entre ellos hay algunos que por sus conocimientos prácticos y teóricos merecen que se les distingan de los demás [...] Un hombre que puede crear, dibujar y dirigir empresas, como de molinos, sierras mecánicas, ruedas hidráulicas y máquinas a vapor, hacerlas ejecutar a su vista es un verdadero ingeniero mecánico. Los primeros [alumnos] que hablo son de esta clase". Y proponía que a esos jóvenes "después de rendir sus exámenes ante los

[233] Eduardo Castillo Espinoza. EAO *La Escuela de Artes y Oficios*. Ocho Libros Editores, 2014.

[234] Julio Jariez, ingeniero francés con experiencia en las Escuelas de Artes y Mecánicas en Francia. Llegó a Chile en 1848 contratado por el Gobierno para ejercer como primer director de la recién creada Escuela de Artes y Oficios (1849).

jueces de costumbre, nombrados por la universidad [...] se les dará el título de ingenieros mecánicos con el diploma correspondiente"[235].

Ese mismo año 1854, un años después de creada la ingeniería en la Universidad, el académico Manuel Salustio Fernández[236] sostenía en su discurso de incorporación:

> Es verdad que para la aclimatación y generalización en Chile de diversos géneros de industria encontramos obstáculos poderosos que es necesario remover a toda costa [...] Sin duda que son el más grave de esos tropiezos las infundadas preocupaciones que existen arraigadas en la mayoría de nuestros hombres, acerca del pobre y humilde origen de las profesiones industriales y artísticas[237].

La solución que proponía era tremendamente avanzada para la época, y consistía en hacer estos estudios transversales para todas las clases sociales:

> Trabajando en la misma escuela y en el mismo taller el hijo del artesano al lado del hijo del rico propietario o del empleado de mas alta jerarquía, sometidos todos los alumnos a un solo y único régimen, sin distinciones de ningún género durante la época del aprendizaje, parece natural que en poco tiempo desaparecería esa caprichosa repugnancia, que tanto se opone al progreso de las artes y que coarta sin duda la marcha próspera y gloriosa de la República[238].

Más de veinte años después, en 1876, el director de la EAO de ese entonces, el ingeniero y académico de la Universidad de Chile José Zegers, repetía similares consideraciones:

> Las grandes naciones manufactureras, Francia, Alemania, Inglaterra, Estados Unidos, mantienen escuelas especiales cuyo objeto es formar ingenieros e industriales versados en la teoría y la práctica de todos los procederes de las artes. [...] En nuestra universidad, que da en Chile la instrucción profesional, esta enseñanza no existe [...]

235 Julio Jariez, Informe del Director de la EAO. 10 febrero 1854. Citado por Castillo, EAO, p. 66.

236 Manuel Salustio Fernández (1826-) se tituló de Agrimensor en 1850. En 1854 se incorporó como miembro académico de la FCFM. Fue también parlamentario, intendente y ministro.

237 M. Salustio Fernández. Memoria sobre la necesidad y medios de fomentar en Chile el estudio de las ciencias físico-matemáticas aplicadas a la industria y las artes. *Anales de la Universidad de Chile*, 1854, pp. 200-209. Cita en pp. 205-206.

238 *Ibídem*, pp. 207-208.

> Por esto yo pienso que la fundación de un Instituto Industrial de artes y manufacturas que diese a conocer y popularizase las maravillas de la Química aplicada y de las demás ciencias, es un elemento indispensable de progreso[239].

No es difícil imaginar que ninguna de estas ideas prosperó. La idea sin embargo siguió presente en las propuestas de politécnicos por parte de ingenieros recién llegados que pasaban a ser miembros del cuerpo de profesores de la Universidad[240].

La EAO, como la única escuela que formaba especialistas en temas mecánicos, tuvo un rol importante durante la Guerra del Pacífico. Sus estudiantes fueron piezas claves en la mantención de los motores de los barcos de la Armada como "ingenieros". Como sostenía el ministro José Manuel Gandarillas en 1880:

> Es indispensable dar mayor ensanche a los estudios que se hacen en la EAO; y ya la guerra actual ha venido a hacer sentir la necesidad imperiosa de crear en este establecimiento una sección especial, en la que los alumnos puedan adquirir los conocimientos que se hacen menester para dirigir las máquinas de las naves de guerra de nuestra escuadra[241].

A pesar de todos estos llamados, la educación ingenieril tomó caminos divergentes entre el maestro de taller y el ingeniero de Estado. Un último intento de enlazar las ingenierías con otros niveles de educación técnica en el siglo XIX se dio en la década de los años 1880. En 1884 el Consejo de Fomento de la EAO quedó como organismo supervisor y pasó a ser integrado por personeros de la recientemente creada Sociedad de Fomento Fabril (SOFOFA), organismo gremial de los industriales[242]. Ya desde la SOFOFA se planteaba afianzar el carácter práctico inmediatista de la formación, pues al extender en exceso la enseñanza científica la EAO "dege-

239 José Zegers. EAO. Distribución de premios a los alumnos de la EAO, 9 de septiembre de 1876. Cit. por Castillo, p. 100.

240 Carlos Koning plantea separar la Escuela de Ingeniería de la Facultad en una escuela aparte, muy similar a lo propuesto por Alfonso Nogues en 1894. Para más detalles revisar: Carlos Koning. *Necesidad de fundar una Escuela Politécnica*. Imprenta Cervantes, Santiago 1904. Alfonso Nogues, "Escuela especial de Ingenieros. Una reforma". *Anales de la Universidad de Chile*, 1892, Tomo 81, pp. 925-955.

241 Castillo, *óp. cit.*, pp. 330-332.

242 Este diseño está probablemente bastante alineado con la nueva Ley de ministerios de 1887 (recordemos que la anterior es de 1837) que, como vimos anteriormente, confirmaba la separación bajo ministerios diferentes de la educación secundaria y superior de la "especial", esto es, de la técnica.

neraría en escuela politécnica, propia más bien para producir ingenieros que artesanos [...]"[243]. De esta forma, por un lado, la EAO quedó tironeada por las necesidades inmediatas de los industriales del momento y su necesidad de contar con obreros calificados, y así alejada de las ideas de quienes habían planteado acercarla a formar ingenieros mecánicos[244].

En 1887 la nueva ley de ministerios que los reorganiza traspasa desde el Ministerio de Justicia, Culto e Instrucción Pública al nuevo Ministerio de Industria y Obras Públicas "la organización y sostenimiento de las escuelas de artes y oficios, agricultura, minería y demás escuelas de aplicación no atribuidas a otros departamentos"[245]. Esta ley, como sostiene el estudio de Castillo, "tuvo esencialmente un carácter administrativo que dejó la dimensión educativa en un plano secundario". Esto se intentó subsanar creando juntas de vigilancia con magros resultados[246].

Los vaivenes de la historia, sin embargo, hicieron que el orden político posterior al gobierno de Balmaceda reorientara una vez más los objetivos de la EAO. En enero de 1894 el Boletín de la SOFOFA informaba: "se ha reducido a tres años la duración de los estudios, y se ha extendido la enseñanza a la electricidad y a la ingeniería de marina. [...] Esperamos que las disposiciones adoptadas contribuyan a dotar al país del personal de artesanos e ingenieros que necesita para sus industrias"[247]. Es interesante reproducir el programa propuesto:

> Los estudios teóricos comprenden los siguientes ramos: castellano, religión, inglés, química, física, aritmética y contabilidad, álgebra, geometría elemental, trigonometría rectilínea, geometría descriptiva, mecánica aplicada, resistencia de materiales, construcción de máquinas y dibujo de ornamentación, lineal y geométrico y de máquinas. Habrá también periódicamente conferencias sobre higiene y ciencias físicas y naturales[248].

243 Román Espech. "Escuela de Artes y Oficios". *Boletín de la SOFOFA*. Año I, núm. 13-14, julio 1884. Cit. por Castillo, *óp. cit.*, p. 117.

244 Ver Castillo, *óp. cit.* "La influencia del mundo privado: el Consejo de Fomento", pp. 115-130.

245 Reorganización de los Ministerios. Ley 21 junio 1887. Anguita y Quesnay, 1902, Tomo II, p. 560.

246 Castillo, *óp. cit.*, p. 137.

247 "La EAO". *Boletín de la SOFOFA*. Año XI, núm. 1, 1994, p. 3. Citado por Castillo. *Óp. cit.*, p. 134.

248 *Ibídem*.

El prospecto de admisión establecía que el objetivo de la EAO era formar artesanos instruidos y morales, que contribuyan al progreso de la industria en el país, e ingenieros mecánicos y electricistas para la Armada.[249] Esta formación de ingenieros pasó pronto a la nueva Escuela de Mecánica de la Armada, creada el 22 de junio de 1896[250].

Así, posteriormente al desenlace de la guerra civil de 1891 la escuela cayó bajo la tutela de las juntas de vigilancia, que miraban la escuela desde un punto de vista pragmático de corto plazo, proponiendo reducir los estudios de 5 años "a 4 o quizás a 3 años, persiguiendo así el doble propósito de reducir la parte simplemente teórica y de atraer el mayor número posible de alumnos"[251]. La escuela volvía a sus orígenes como establecimiento orientado a la regeneración de pueblo. Uno de sus estudiantes, Pedro Elías Sarmiento, recordaba el alumnado de fines del siglo XIX:

> En mi tiempo ni para remedio había educándose en la Escuela de Artes un Errázuriz, un Valdés, un Zañartu, un Ossa, un Montt, ni un Irarrázabal, etc. Tampoco había un González, ni un Fernández, ni un Rodríguez. Los primeros se creen una casta superior en Chile o la aristocracia y los segundos, la clase media. ¡Claro! Cómo podían estar ahí, cuando la Escuela de Artes tenía por objeto "formar obreros instruídos y morales". En cambio había un Aldea, hijo del sargento Aldea [...] un Sariego Murtilla, sobrino del ingeniero Murtilla que en las máquinas de la 'Esmeralda' se hundió con su buque; un Villarroel, hijo del 'General Dinamita' que en la guerra contra el Perú sembró el espanto en las filas enemigas; un Juan Catrileo y un Baltazar Cadegan herederos auténticos de Caupolicán y Lautaro; un Hernández, melipillano, una gloria nacional para el trabajo manual; un Araya Moreno; un Jorge Wagner primero y segundo pensionado en Europa [...] los hermanos Guerra, hijos de un minero de Tamaya; un Hartard y un Droguett, hijos de extranjeros nacidos en el país; un Teodoro Raddatz, un Agustín Cantin y un Germán Decher hijos de los primeros inmigrantes alemanes [...] hijos de labriegos, de mineros, de medieros, de tipógrafos y obreros manuales [...]"[252].

249 *Ibídem*, p. 4.

250 Carlos Tromben Corbalán. *Ingeniería Naval. Una especialidad centenaria*. Imprenta de la Armada. 1989, pp. 195 y ss.

251 Boletín de la SOFOFA, "Escuela de Artes y Oficios". 1893. Cit. por Castillo, p.133.

252 Pedro Elías Sarmiento. *Escuela de Artes i Oficios Chile*. Santiago 1899.Citado por Castillo, p. 341.

Conclusiones

De los desarrollos del medio siglo presentados, mirados ahora integradamente, es posible sacar algunas conclusiones tentativas, muy relevantes para entender el desarrollo de la enseñanza de la ingeniería:

1. La segunda mitad del siglo XIX fueron décadas de aclimatación en Chile de la disciplina de la ingeniería (un hacer teórico y práctico) en un ambiente social y cultural muy poco receptivo para ella. Quienes entendían su relevancia para el desarrollo de la infraestructura material y la producción en el país hubieron de enfrentar grandes obstáculos sociales: el desdén por lo manual y lo técnico por parte de la aristocracia local; la mentalidad hacendal (y luego poco proclive a la industria) de las élites gobernantes; la mentalidad colonial que privilegiaba lo europeo y no confiaba en lo local; la fuerte segregación social que ponía barreras insalvables entre trabajadores manuales y humanistas ilustrados.

2. A lo anterior se suman las dificultades prácticas y profesionales en una disciplina relativamente nueva que exigía mucho estudio, tradición e infraestructura. Faltaban profesores, faltaban textos, faltaban laboratorios y materiales, faltaban locales para funcionar, y, sobre todo, faltaban estudiantes. La falta de estudiantes es un tema que creemos que merece un estudio especial, pues de alguna manera permaneció con intermitencias agudas o suaves, a lo largo de todo el periodo. Aclaremos que no se trataba solo del prestigio social de la profesión como algunos han tratado de sostener (los incentivos económicos no cambiaban mucho la situación), sino que también, en gran medida, de las dificultades propias para seguir esos estudios: falta de tradición, de pares, de "ambiente", de masa crítica, etc., que podríamos calificar de prestigio cultural de la ingeniería.

3. La ingeniería –particularmente en el periodo estudiado– se concibe en Chile por parte de la institucionalidad universitaria y la estatal, como una profesión directiva más que ejecutiva ("ingenieros-contratistas" los llama Guillermo Guajardo) y una disciplina eminentemente científica

(esto es, letrada) más que técnica. En nuestro estudio intentamos explorar, aunque no lo abordamos sistemáticamente, sus relaciones con los estudios superiores técnicos. En el siglo XIX, en Europa y Estados Unidos la ingeniería se confunde con la tecnología y gran parte de las técnicas, particularmente aquellas que son producto de una planificación científica. Esto lleva a considerar su formación en escuelas técnicas y en escuelas militares y navales (en la época no había aviación). Aparece una ingeniería con problemas muy diferentes a los de la alta academia científica. Aunque en este estudio nos enfocamos en la enseñanza de la ingeniería universitaria (en el siglo XIX esto es sinónimo de élite), hemos intentado llamar la atención sobre esas otras facetas (ligadas a lo técnico) imprescindibles para entender la ingeniería en el siglo XIX en Chile.

4. Ligado a los puntos anteriores, aparece entonces el tema de las especialidades. Como hemos visto, la enseñanza universitaria de la ingeniería se concentró en la ingeniería civil en la tradición francesa de puentes, caminos y obras civiles. Esto se corresponde bien con el modelo de desarrollo que siguió la élite gobernante en la segunda mitad del siglo XIX: ampliación de espacios, conquista y repartición de nuevos territorios (provincias del norte, Araucanía, territorios magallánicos) y consolidación del dominio sobre ellos. La institucionalidad se desentendió de la ingeniería para la industria, especialmente la química y mecánica, que tuvieron que esperar el siglo XX para su desarrollo sistemático.

En el marco de las consideraciones anteriores, uno podría mirar la enseñanza de la ingeniería en la segunda mitad del siglo XIX como una gran disputa entre dos ejes: el generalismo versus el especialismo; y lo teórico versus lo práctico. No siempre estas variables van alineadas. En los programas de estudio esa discusión lleva implícitos otros parámetros, como la duración de las carreras y también el régimen de estudio. Uno podría interpretar el ciclo de los programas de estudio de ingeniería del siglo XIX como representando las combinaciones de estas variables:

1853: *generalista y teórico:* Los comienzos de la ingeniería en la universidad representados en el programa de 1853 muestran estudios generales (poca diferencia entre especialidades) y muy teóricos. El generalismo obedece claramente a temas laborales (el argumento de los generalistas es usualmente este: en un país donde no hay desarrollada industria y técnicas específicas, es mejor formar un profesional general que pudiera ser capaz de entender cualquier problema). Lo teórico sería interesante estudiarlo en más detalle. Nuestra apreciación preliminar es que este generalismo teórico es la resultante del desprestigio social de lo práctico y particularmente de lo manual (y por consiguiente la ignorancia y falta de experiencia con ello), junto a la influencia de la escuela francesa de ingeniería civil.

1889: *especialista y práctico:* El plan de 1853 permanece esencialmente invariable hasta los gobiernos de Santa María y Balmaceda en la década de los años 1880. Los cambios impulsados en esa década se consolidan en el plan de estudios de 1889. Es un plan especialista (con varias diferentes especialidades) y con énfasis en la práctica. Por ello era un plan muy desafiante para su implementación y estaba muy alineado con la reforma de la institucionalidad del Estado que proponían esos gobiernos.

1893: *generalista y teórico/práctico:* Con la derrota del proyecto Santa María y Balmaceda en 1891, la enseñanza de la ingeniería vuelve, en un movimiento pendular, a su cauce histórico generalista, ahora en una versión extrema (el generalismo también implícitamente incluye un régimen de menos flexibilidad en los programas, en este caso anuales). Hay quienes sostienen incluso que debiera haber una sola ingeniería (civil). El programa en efecto muestra muy insignificantes diferencias entre las dos especialidades tradicionales que se reinstalan. Hay esfuerzo (al menos en el discurso) respecto de la importancia de la práctica, pero, en los hechos, es un programa fuertemente teórico.

1898: *generalista/especialista y teórico/práctico:* El exceso generalista del programa de 1893 se atenúa. Este programa es un compromiso con la creciente presión de la realidad industrial y técnica, balanceando las diferentes posiciones en la enseñanza de la ingeniería. De alguna manera es una base de compromiso para el desarrollo de la concepción de ingeniería que se desarrollaría en las primeras décadas del siglo xx, donde se buscará acentuar el carácter práctico según las tendencias mundiales y las necesidades del campo laboral.

Referencias

Fuentes primarias

Actas del Consejo de Facultad de la Facultad de Ciencias Físicas y Matemáticas de la Universidad de Chile 1890-1900.

Anales del Instituto de Ingenieros 1889 - 1900. Disponible en: https://revistas.uchile.cl/index.php/AICH/index

Anales de la Universidad de Chile 1853 - 1900. Disponible en: https://anales.uchile.cl/

Boletín de la Sociedad Nacional de Minería. *Revista Minera*. 1883 - 1884. Disponible en: http://www.bibliotecanacionaldigital.gob.cl/bnd/630/w3-article-353134.html

Biblioteca Nacional de Chile. "Diccionario biográfico de Chile", en: *Diccionarios Biográficos e Históricos*. Memoria Chilena. Disponible en: http://www.memoriachilena.gob.cl/602/w3-article-93266.html

Biblioteca Nacional de Chile. "Diccionario histórico, biográfico y bibliográfico de Chile", en: *Diccionarios Biográficos e Históricos*. Memoria Chilena. Disponible en: http://www.memoriachilena.gob.cl/602/w3-article-93267.html

Claudio Gay. *Agricultura*. Tomo I, París-Chile, 1862. Disponible en: http://www.bibliotecanacionaldigital.gob.cl/visor/BND:355668

Instituto Nacional de Estadística, Censos de población y vivienda 1813, 1835, 1865, 1875, 1885, 1895, 1907, 1920, 1930, 1940, 1952, 1960, 1970. Disponible en: https://www.ine.cl/estadisticas/sociales/censos-de-poblacion-y-vivienda/poblacion-y-vivienda [Fecha de consulta: Enero 2019]

Censos de población 1857, 1867, 1877,1887,1897,1900 y 1910. Fondo Documental del Instituto Nacional de Estadística (INE) de España. Disponible en: https://www.ine.es/inebaseweb/libros.do?tntp=71807

Memorias Ministeriales

Instrucción Pública en Chile. Su actual estado, según la Memoria del señor Ministro del ramo, con los documentos anexos, presentada al Congreso Nacional en agosto de 1867. *Anales de la Universidad de Chile.* pp. 525-648. Disponible en: https://anales.uchile.cl/index.php/ANUC/article/view/27208

Instrucción Pública en Chile. Su actual estado, según la Memoria del señor Ministro del ramo, en los documentos anexos, presentada al Congreso Nacional en 1876. *Anales de la Universidad de Chile,* 50, 1876. pp. 286-402. Disponible en: https://anales.uchile.cl/index.php/ANUC/article/view/44034

Instrucción Pública. Su estado en el año último según la Memoria ministerial pasada al Congreso Nacional por el Ministro del ramo en 1878. *Anales de la Universidad de Chile,* 1878, pp. 355-501. Disponible en: https://anales.uchile.cl/index.php/ANUC/article/view/43982

Instrucción pública: su estado en Chile en el año último, según la memoria del ministro del ramo al Congreso Nacional, i segun los documentos a ella anexos. *Anales de la Universidad de Chile,* 1883, pp. 304-469. Disponible en: https://anales.uchile.cl/index.php/ANUC/article/view/19985

Memoria del Ministro de Instrucción Pública de 1890. Biblioteca del Congreso Nacional (bcn). Disponible en línea en: https://www.bcn.cl/Books/Memoria_del_Ministro_de_Justicia_e_Instruccion_Publica_presentada_al_Congreso_Nacional_en_1890/index.html#p=3

Memoria del Ministro de Instrucción Pública de 1892. Biblioteca del Congreso Nacional (bcn). Disponible en línea en: https://www.bcn.cl/Books/Memoria_del_Ministro_de_Justicia_e_Instruccion/index.html#p=1

Periódicos

Ignacio Domeyko, "Memoria sobre el modo más conveniente de reformar la instrucción pública en Chile", *El Semanario de Santiago,* núm. 26 (diciembre 29 de 1842) y núm. 27 (enero 5 de 1843).

Archivo Nacional, Fondo Ministerio de Educación, vol. 14 [copiador], foja núm. 46. *La Gaceta de los Tribunales y de la Instrucción Pública,* núm. 145, (23 de noviembre 1844); núm. 146, (30 de noviembre 1844).

Antonio Varas, "Observación a la Memoria sobre instrucción pública", *El Semanario de Santiago,* núm. 28 (12 de enero 1843), núm. 30 (26 de enero 1843) y núm. 31 (2 de febrero 1843).

Ediciones de fuentes y documentos

RICARDO ANGUITA, VALERIO QUESNEY. *Leyes Promulgadas en Chile desde 1810,* Tomo I, Tomo II, Imp. Nacional, 1902.

MANUEL BALLESTEROS. Índice general del Boletín de las leyes y decretos del gobierno de Chile: que comprende todas las leyes y disposiciones supremas dictadas en la República de Chile y publicadas en esa obra desde 1810 hasta la actualidad. Tomos I y II. Imprenta Cervantes, Santiago, 1905. Disponible en línea en el Archivo de Historia Política de la Biblioteca del Congreso Nacional (BCN): https://www.bcn.cl/Books/Indice_general_del_boletin_de_las_leyes_y_decretos_del_gobierno_de_Chile_t_1/index.html#p=1

ÍNDICE DE PROFESIONALES DE LA FACULTAD DE CIENCIAS FÍSICAS Y MATEMÁTICAS titulados por la Universidad de Chile desde su fundación hasta 1930 inclusive. Prensas U. Chile, Santiago, 1932. Disponible en: https://obtienearchivo.bcn.cl/obtienearchivo?id=documentos/10221.1/36195/1/215776.pdf&origen=BDigital

ARMANDO DE RAMÓN, EMA ACEVEDO FAGALDE, PATRICIO VALDIVIESO Y ANA MARÍA BRANCHI. *Biografías de Chilenos, 1876-1973: Miembros de los Poderes Ejecutivo, Legislativo y Judicial,* Tomos I, II, III y IV. Santiago de Chile, Editorial Universidad Católica, 1999.

FUNDACIÓN LA CASA DE BELLO. *Obras Completas de Andrés Bello.* 26 tomos. Segunda Edición Facsimilar. Caracas, 1981.

LEY DE INSTRUCCIÓN SECUNDARIA Y SUPERIOR. 9 de enero de 1879. En: Anguita. *Leyes desde 1810 hasta 1901.* Tomo II, Santiago, Imp. Nacional, 1902. pp. 337-343.

ENRIQUE MARSHALL. *Leyes, Decretos y Reglamentos de la Universidad de Chile.* Edic. Universidad de Chile, 1953-54. https://doi.org/10.34720/zfv6-6k61.

RAFAEL SAGREDO (Edit. General) *Anales del Instituto de Ingenieros de Chile. Ingeniería y Sociedad.* 1889-1929. CCC- PUC-BN, 2011.

CÓDIGO DE MINERÍA DE LA REPÚBLICA DE CHILE. Santiago de Chile: Imprenta de la República, 1874. Digitalizado por Marianne González Le Saux. Seminario de Estudios de la República. Fac. Derecho. Universidad de Chile. 2011.

GUILLERMO BLEST. Observaciones sobre el estado actual de la medicina en Chile con la propuesta de un plan para su mejora. 1826. Reproducido en *Rev. Médica de Chile,* 111: 350-357, 1981.

UNIVERSIDAD TÉCNICA DEL ESTADO. Boletín Centenario Escuela de Minas de Copiapó 1857-1957. Folleto, Artes y Letras Impresores, 1957. 33 pp.

MADDISON PROJECT DATABASE, version 2020. Bolt, Jutta and Jan Luiten van Zanden. Disponible en línea: https://www.rug.nl/ggdc/historicaldevelopment/maddison/releases/maddison-project-database-2020?lang=en

Fuentes secundarias

PATRICIO ACEITUNO, XIMENA AZÚA. "La guerra civil de 1891: una mirada desde la Universidad de Chile 130 años después". 7 septiembre 2021. Disponible en línea en: https://www.uchile.cl/noticias/179590/una-mirada-desde-la-u-de-chile-a-la-guerra-civil-de-1891 (Consultado 11 octubre 2021.)

MARÍA EUGENIA ALBORNOZ VÁSQUEZ. "Peritos en medir, dibujar y definir las tierras. Notas para el estudio y catastro de los agrimensores en Chile, siglos XVI-XIX". *Revista Historia y Justicia*, 13/2019.

GÖRAN AHLSTRÖM. "Higher technical education and the engineering profession in France and Germany during the 19th century", *Economy and History*, 21:2, 51-88. 1978. DOI: 10.1080/00708852.1978.10418955.

GONZALO AMPUERO BRITO. "La enseñanza de la minería en La Serena. Los inicios (1821-1887)". En: Claudio Canut de Bon (Edit.), *La Escuela de Minas de La Serena*. Edit. Universidad de La Serena. 2019, pp. 65-83.

WLADIMIR ANTIVIL MARINAO. "Dibujando la Araucanía: la construcción, la forma y el dominio de un territorio". Tesis de doctorado. Universitat Politécnica de Catalunya, Barcelona, España. 2018. Disponible en: https://www.tdx.cat/handle/10803/462096

BENJAMÍN ARMIJO, CLAUDIO GUTIÉRREZ. "Ingenieros y poder político en Chile 1810-1973. Ensayo de interpretación de la evolución de su participación parlamentaria y ministerial". *Historia 396*, Vol. 11, Núm. 1(2021).

DIEGO BARRÍA TRAVERSO. "Empleados públicos y clase media, Chile 1880-1920: un análisis exploratorio a partir de cifras oficiales". *Revista de Historia y Geografía* No 32/ 2015, 77- 100.

MARTA CANESSA DE SANGUINETTI. *El Bien Nacer. Limpieza de oficios y limpieza de sangre: Raíces ibéricas de un mal latinoamericano. Del siglo XIII al último tercio del siglo XIX*. Taurus, Uruguay, 2000.

CLAUDIO CANUT DE BON (EDIT.). *La Escuela de Minas de La Serena*. Edit. Universidad de La Serena. 2019.

CARMEN CARIOLA, OSVALDO SUNKEL. *Un siglo de historia económica de Chile 1830-1930*. Santiago, Edit. Universitaria, 1990.

Marcello Carmagnani. *Desarrollo Industrial y Subdesarrollo Económico. El caso chileno (1860-1920)*. DIBAM, 1998.

Eduardo Castillo Espinoza. *EAO La Escuela de Artes y Oficios*. Ocho Libros Editores, 2014.

Eduardo Cavieres. "Industria, Empresarios y Estado. Chile, 1880-1934. ¿Protoindustrialización o industrialización en la periferia?", En M. Carmagnani, *óp. cit*. pp. 11-30.

Simon Collier, William Sater. *Historia de Chile 1808-1994*. Edit. Cambridge Univ. Press. 1998.

Juan Pablo Conejeros Maldonado. *La influencia cultural francesa en la educación chilena, 1840-1880*. Universidad Católica Silva Henríquez, Serie Investigación N. 17, 1999.

Bárbara de Voz Eyzaguirre. *El surgimiento del paradigma industrializador en Chile (1875-1900)*. DIBAM, 1999.

Julio Heise González. *150 años de evolución institucional*. Edit. Andrés Bello, 1976.

Ernesto Greve. *Historia de la Ingeniería en Chile*. 4 tomos. Imp. Universitaria, 1938-1944.

Claudio Gutiérrez, Flavio Gutiérrez. "Física: su trayectoria en Chile (1800-1960)". *Historia*, Vol. 39, N° 2, 2006.

Claudio Gutiérrez. *Educación, ciencias y artes en Chile, 1797-1843. Revolución y contrarrevolución en las ideas y políticas*. Edit. RIL, 2011.

Claudio Gutiérrez, Michael Reynolds. "Institucionalización y profesionalización de la ingeniería en Chile". *Revista Quipu* (México), No.1, vol 16, 2014. pp. 63-86.

Roberto Hernández Ponce. "Chile conquista su identidad con el progreso. La enseñanza de las matemáticas, 1758- 1852". *Revista Historia* 23, 125-168, 1988.

Carlos Hurtado Ruiz-Tagle. Concentración de la población y desarrollo económico. El caso chileno. Universidad de Chile, Instituto de Economía, Santiago, 1966.

Ricardo Krebs, M. Angélica Muñoz, Patricio Valdivieso. *Historia de la Pontificia Universidad Católica de Chile 1888-1988*. Edic. PUC, 1988. Tomo I.

Manuel Llorca-Jaña, Rory. M. Miller (edit.) *Historia Económica de Chile desde la Independencia*. RIL editores, 2021.

Jorge Mardones Acevedo. "Desarrollo de la formación de ingenieros en la Universidad de Chile y el país". *Anales de la Facultad de Ciencias Físicas y Matemáticas*, 17(17), 1960. pp. 149-175. Disponible en: https://revistas.uchile.cl/index.php/%20AFCFM/article/view/37107/38697

Santiago Marín Vicuña. "Nuestros ingenieros: Don Domingo Víctor Santa María 1854-1919". *Anales del Instituto de Ingenieros de Chile*, (12), 1934. pp. 587-615.

Santiago Marín Vicuña. *Nuestros ingenieros*. Edit. Nascimento, 1935.

Peter Meiksins, Chris Smith. *Engineering Labour. Technical Workers in Comparative Perspective*. London, Verso, 1996.

Augusto Millán. *La minería metálica en Chile en el siglo XIX*. Edit. Universitaria, 2004.

Juan Muñoz, Carmen Norambuena, Luis Ortega, Roberto Pérez. *La Universidad de Santiago de Chile, sobre sus orígenes y su desarrollo histórico*. Edit. USACH, 1987.

Luis Ortega. *Chile en Ruta al Capitalismo. Cambio, euforia y depresión 1850-1880*. Santiago, DIBAM, 2005.

Jaime Parada Hoyl. "La profesión de ingenieros y los Anales del Instituto de Ingenieros." En: *Anales del Instituto de Ingenieros. Ingeniería y Sociedad 1889-1929*. Edit. CCC- PUC-BN, 2011.

Amarí Peliowski. "Lo bello o lo útil. Ideologías en disputa en torno a la creación del primer curso universitario de arquitectura en Chile, 1848-1853". *Historia* (Santiago) No 51, vol. II, julio-diciembre 2018: 485-515.

Macarena Ponce de León Atria, Francisca Rengifo Streeter, María José Vial Lyon. Ayer y Hoy. *Escuela de Ingeniería Pontificia Universidad Católica de Chile*. Edic. PUC, 2002.

Hernán Ramírez Necochea. "Panorama de la vida chilena en la época de fundación del Instituto Pedagógico". En: *Instituto Pedagógico 1889-1964*. Universidad de Chile, 1964, pp. 43-57.

Marín Rodríguez Diez. "Discurso en Homenaje a Andrés Gorbea". Anales de la FCFM, Vol. 11 Núm. 11 (1954), pp. 35-44.

Carlos Ruiz-Schneider. *De la República al Mercado. Ideas educacionales y políticas en Chile*. Edit. LOM, 2010.

Sol Serrano. *Universidad y Nación*. Edit. Universitaria, 1993.

Wren Starbuchi Chambers (Edit.). *Cien años de Arquitectura en la Universidad Católica*. Edic. ARQ, PUC, 1994.

Carlos Tromben Corbalán. *Ingeniería Naval. Una especialidad centenaria*. Imprenta de la Armada. 1989.

Germán Urzúa Valenzuela, Anamaría García Barzelatto. *Diagnóstico de la burocracia chilena (1818-1969)*. Santiago, Edit. Jurídica de Chile, 1971.

Juan Eduardo Vargas C. "La Sociedad de Fomento Fabril (1883-1928)." *Historia*, Vol. 13 (1976), pp. 5-53.

Jose E. Vera Rodríguez. *El sistema de admisión a la Universidad: Permanencia y cambio.* Santiago de Chile, Edit. Universitaria, 2011.

Myriam Waisberg. "Creación y primera etapa 1849-1899. La clase de arquitectura y la sección de bellas artes." En: *Ciento cincuenta años de enseñanza de la arquitectura en la Universidad de Chile 1849-1999.* Edic. Facultad de Arquitectura y Urbanismo, Univ. Chile. 1999.

Aingeru Zabala. "Una inversión estudiar en el extranjero: ingenieros españoles del siglo xix". *Quaderns d' História e Enginyeria.* Volumen XIII, 2012.

Sin autor. Reseña histórica de la Escuela Especial de Ingenieros de caminos, canales y puertos, desde su creación hasta 1873. Madrid, Imp. Rivadeneira, 1873.

ANEXO: PLANES DE ESTUDIOS

En este Anexo dejamos los textos originales en versión facsimilar de los decretos que establecen los planes de estudios de la carrera de ingeniería en la Universidad de Chile en el periodo estudiado.

Se encuentran en orden los siguientes documentos:

1. *Plan de Estudios de 1853*
   — Decreto 7 diciembre 1853

2. *Plan de Estudios de 1889*
   — Decreto 11 enero 1889

3. *Plan de Estudios de 1893*
   — Acta Facultad 6 de enero de 1893
   — Decreto 24 agosto 1893

4. *Plan de Estudios de 1898*
   — Decreto 22 enero 1898

PLAN DE ESTUDIOS DE 1853

El decreto del 7 de diciembre de 1853 establece los planes de estudios para la enseñanza universitaria de la carrera de ingeniería en la Universidad de Chile. Organiza los estudios en las siguientes especialidades: ingenieros geógrafos (3 años), ingenieros de minas (4 años), ingenieros civiles (4 años). Además indica cómo obtener los títulos de ensayador general y arquitecto.

La versión facsimilar está tomada de: Leyes y decretos del Supremo Gobierno, Octubre, Noviembre i Diciembre de 1853. *Anales de la Universidad de Chile, 1853,* pp. 499-510. El decreto se encuentra en las páginas 499-502.

el supremo decreto que arregló los estudios superiores de la Facultad de ciencias matemáticas i físicas, no se halla comprendida la de agrimensor jeneral, i que era preciso consultar al Supremo Gobierno si la indicada profesion se considera como diversa e independiente de los demas, o si basta para ejercerla obtener el titulo de injeniero jeógrafo. Esta duda dió pié a una discusion entre el señor Rector i el señor Domeyko, en la cual se tocaron algunos otros puntos análogos, que necesitan igualmente una resolucion del Supremo Gobierno. Los dos señores indicados se encargaron de conferir privadamente el asunto, i de proponer al Consejo los términos en que deba hacerse la consulta. Se levantó la sesion.

LEYES I DECRETOS

DEL

SUPREMO GOBIERNO.

DEPARTAMENTO DE JUSTICIA CULTO E INSTRUCCION PÚBLICA.

Santiago, diciembre 7 de 1853.

En uso de la facultad que me confiere el art. 31 de la lei de 19 de noviembre de 1843, i a propuesta del Consejo de la Universidad; vengo en acordar i decreto:

Plan de estudios de la Facultad de Ciencias Físicas i Matemáticas de la Universidad.

Art. 1.° En la Facultad de Ciencias Físicas i Matemáticas de la Universidad se enseñará los ramos de estudios necesarios para formar:

Injenieros jeógrafos,
Injenieros civiles,
Injenieros de minas,
Ensayadores jenerales,
Arquitectos.

Todo alumno al matricularse, en los libros de la Universidad en esta Facultad elijirá una de estas profesiones, i observará el mismo órden de estudios que se prescribe en este decreto:

INJENIEROS JEÓGRAFOS.

Art. 2.º Los que se dediquen a la carrera de Injenieros jeógrafos estudiarán: Aljebra superior, Trigonometría esférica, Jeometría de las tres dimensiones, Jeometría descriptiva con sus aplicaciones a la teoría de las sombras i de la perspectiva, Física superior, Química jeneral, cálculo diferencial e integral, Topografía i Jeodesia, principios de mecánica i nociones de Astronomía.

Art. 3.º Estos cursos se enseñarán en el órden siguiente:

PRIMER AÑO.

Aljebra superior, Trigonometría esférica, Jeometría de las tres dimensiones i Jeometría descriptiva con sus aplicaciones.

SEGUNDO AÑO.

Física, Química i Cálculo diferencial e integral.

TERCER AÑO.

Topografía, Jeodesia, Mecánica, i nociones de Astronomía.

En el mes de noviembre de este último año, harán los alumnos dos operaciones prácticas: una topográfica i otra de Jeodesia, bajo la direccion del profesor.

Art. 4.º Los aspirantes al título de Injenieros jeógrafos rendirán un exámen final, que consistirá en una prueba oral i otra práctica.

La primera durará una hora, durante la cual contestarán a las preguntas que se les haga sobre cualesquiera ramos de matemáticas superiores, conformes a los programas de los cursos respectivos. La prueba práctica consistirá en la ejecucion de un plano de un terreno, que no baje de mil cuadras, o de dos planos de diferentes localidades, de trescientas cuadras de estension cada una, levantados bajo la direccion de un agrimensor recibido, quien deberá certificar estar aquellos conformes con los que él mismo ha ejecutado. Este plano o planos, serán tambien dibujados, e irán acompañados de todos los cálculos que hayan servido para su levantamiento. La comision examinadora hará preguntas al candidato sobre el trabajo que presenta i sobre cualquiera cuestion que tenga relacion con él.

INJENIEROS CIVILES.

Art. 5.º Los que aspiren a la profesion de Injenieros civiles, seguirán el mismo curso de tres años que se exije de los injenieros jeógrafos i estudiarán ademas en un cuarto año el curso de puentes i caminos, comprendiendo en este curso la parte práctica del estudio que se enseñará en los dos últimos meses del año escolar; el dibujo de máquinas i de la aplicacion de la jeometría descriptiva al corte de piedra i de madera, la arquitectura, la mineralojía i la jeolojía.

Art. 6.º El exámen final que deben rendir los aspirantes al diploma de injenieros civiles, abrazará una prueba oral i otra práctica.

En la primera, que durará una hora, se les examinará conforme a los programas de los cursos respectivos, sobre el cálculo diferencial e integral, la topografía i jeodesia, el tratado de puentes i caminos i la mecánica.

La prueba práctica consistirá en la ejecucion de un proyecto que la comision examinadora designe al aspirante i que éste acompañará de una memoria que comprenda todos los planos, cálculos i pormenores relativos al presupuesto i ejecucion de la obra. Los examinadores podrán tambien hacer interrogaciones sobre todo lo concerniente a este trabajo.

INJENIEROS DE MINAS.

Art. 7.° Los que se consagren a la carrera de injenieros de minas, estudiarán, a excepcion de la jeodesia, i de los cálculos diferencial e integral; 1.° los mismos ramos de Matemáticas que se exije a los injenieros jeógrafos i civiles, i ademas, 2.° la química mineral, la física, 3.° la docimacia (tratado de ensayes i análisis), i principios de metalurjia, 4.° la mineralojía, 5.° la jeolojía i mensura de minas, 6.° la mecánica, 7.° la esplotacion de minas.

El órden en que se han de estudiar estos ramos debe ser el siguiente:

Primer año—Matemáticas.

Segundo año—Química mineral, física i demas ramos de matemáticas que les corresponden.

Tercer año—Decimacia.
Mineralojía.
Jeolojía.
Mensura de minas.
Topografía.

Cuarto año—Mecánica.
Explotacion de minas.
Manipulaciones en el laboratorio.

Art. 8.° Los que aspiren al diplóma de injeniero de minas, deberán dar un exámen final de los ramos señalados en la primera parte del artículo anterior, desde el número 2.° al 7.° inclusive que durará una hora, i un exámen práctico en el cual el aspirante presentará.

1.° Dos operaciones docimásticas como análisis o algunos ensayes complicados, que la misma comision le propondrá; debiendo los resultados de dichas operaciones ser acompañados de una descripcion prolija de los métodos empleados en ellas.

2.° Una operacion de mensura de minas certificada por el injeniero del ramo, bajo cuya inspeccion haya trabajado. A falta de injeniero se admitirá el certificado del juez de minas, i del dueño i administrador de la mina, quienes atestiguarán haber en realidad hecho el aspirante la operacion por sí. Esta mensura debe presentarse acompañada de un plano i un estado exacto de todos los datos que le sirvieron para levantar dicho plano.

Art. 9.° Para incorporarse en la Universidad en calidad de alumnos aspirantes a las profesiones de injenieros jeógrafos, injenieros civiles o injenieros de minas, se requiere, haber rendido un exámen final de todos los ramos que comprende el curso preparatorio de matemáticas, i presentar certificados de haber rendido exámen en el Instituto Nacional o en otro establecimiento autorizado para recibir estos exámenes válidamente, de los ramos siguientes: jeografía, nociones de cosmografía, gramática castellana, frances o ingles, curso de relijion, física i química elemental, dibujo lineal i de ornamento, historia reducida a los puntos que se indicarán en los programas respectivos, principios de literatura.

El exámen final de que habla este artículo, se dará al fin de cada año, o durante los dos primeros meses inmediatamente despues del Miércoles de Ceniza.

ENSAYADORES JENERALES.

Art. 10. A los que pretendan el título de ensayadores jenerales se les exijirá:

1.° Un certificado de haber rendido los exámenes de aritmética, áljebra i jeometría elementales, del curso preparatorio, gramática castellana, jeografía, relijion, frances o ingles.

2.° Un exámen de física, i química jeneral inorgánica.

Un exámen de todo el tratado de ensayes.

Uno de mineralojía.

Un año de manipulaciones en el laboratorio del Instituto.

Un exámen final de química, tratado de ensayes i mineralojía, que durará una hora.

Un exámen práctico, que consistirá en dos copelaciones i un ensaye cualquiera por la via húmeda, hecho en el laboratorio del Instituto, bajo la inspeccion de un miembro de la comision.

ARQUITECTOS.

Art. 11. Los que se consagren a la profesion de arquitectos, deberán:

1.° Presentar certificado de haber rendido exámen de aritmética, áljebra i jeometría elementales, trigonometría rectilínea, física i química elementales, gramática castellana, jeografía, relijion, dibujo lineal i de ornamento.

2.° Seguir un curso bienal de arquitectura en la Universidad, i seis meses de práctica, bajo las órdenes del profesor, debiendo durante este tiempo, estudiar elementos de jeometría descriptiva.

3.° Rendir un exámen que consistirá: 1.° en una prueba oral que durará una hora, durante la cual se examinará al candidato sobre todo el curso de arquitectura que haya estudiado; 2.° en la ejecucion de un proyecto con todos sus pormenores, acompañado de una memoria explicativa, i cuyo programa será designado por la comision examinadora.

Art. 12 Los exámenes i pruebas prácticas de que se habla en los artículos 4, 6, 8, 10 i 11 de este decreto, se rendirán ante una comision compuesta de cinco examinadores, por lo ménos; debiendo ser de su número, el Decano i secretario de la Facultad de Ciencias Físicas i matemáticas de la Universidad, i dos profesores de los ramos de ciencias correspondientes, segun sea el título o diploma que el examinando solicite.

Art. 13 La comision examinadora fijará prudencialmente el tiempo que deba mediar entre las pruebas orales i las pruebas prácticas a que deben someterse los examinandos i no los admitirá a presentar las segundas, cuando no se hayan espedido de un modo satisfactorio en las primeras.

Art. 14 Habiendo cumplido los candidatos con todos los requisitos prescritos, i juzgándolos aptos la comision para ejercer la profesion a que aspiran, comunicará su aprobacion al Consejo de la Universidad, espresando su juicio sobre el modo como se ha desempeñado el candidato, i acompañando el espediente en que este compruebe haber rendido los exámenes a que está obligado.

Art. 15 Los antecedentes de que habla el artículo anterior, se elevarán al Gobierno, i en vista de ellos se expedirán los títulos o diplomas correspondientes, por el Ministerio de Instruccion pública.

Tómese razon i comuníquese.—MONTT.—*Silvestre Ochagavía.*

Santiago, diciembre 17 *de* 1853.

Siendo urjente proveer al Instituto Nacional i al colejio de Coquimbo, de los útiles e instrumentos de que carecen los Laboratorios i gabinetes de Física de aquellos Establecimientos, i exijiendo el progreso i desarrollo de los ramos que abraza la en-

Plan de estudios de 1889

El decreto del 11 de enero de 1889 presenta una reforma radical respecto del Plan de 1853. Es un plan que propone el gobierno de Balmaceda para alinear los estudios de ingeniería con el impulso al desarrollo de obras públicas e industria propugnados por ese gobierno. Organiza los estudios de ingeniería en 5 años, que se inician con dos años de formación común y luego tres años de formación diferenciada por especialidades. Define las siguientes especialidades: Ingenieros-arquitectos; Ingenieros de puentes, caminos y construcciones hidráulicas; Ingenieros de ferrocarriles, telégrafos y puertos; Ingenieros geógrafos y de minas; e Ingenieros industriales y metalurgistas.

La versión facsimilar está tomada de: Boletín de Instrucción Pública, Sesión de Enero 1889. *Anales de la Universidad de Chile, 1889,* Tomo 76, pp. 5-68. El decreto se encuentra en las páginas 48-52.

Plan de estudio de Ciencias Físicas y Matemáticas

«Art. 1.° En la Facultad de Ciencias Físicas y Matemáticas de la Universidad se enseñarán los ramos de estudio teóricos y prácticos necesarios para formar:

«Ingenieros arquitectos; ingenieros de puentes, caminos y construcciones hidráulicas; ingenieros de ferrocarriles, telégrafos y puertos; ingenieros geógrafos y de minas; é ingenieros industriales y metalurgistas.

«Estos ramos se enseñarán en las siguientes asignaturas:

COMUNES Á TODOS LOS INGENIEROS

«1.ª Geometría analítica (de dos y tres dimensiones).
«2.ª Álgebra superior.
«3.ª Cálculo diferencial é integral.
«4.ª Geometría descriptiva con aplicaciones.
«5.ª Estereotomía.
«6.ª Topografía y estudio práctico de instrumentos.
«7.ª Física general.
«8.ª Química general.
«9.ª Mecánica racional é hidráulica teórica.

ESPECIALES Á LOS INGENIEROS DE PUENTES, CAMINOS Y CONSTRUCCIONES HIDRÁULICAS, Y Á LOS DE FERROCARRILES, TELÉGRAFOS Y PUERTOS.

«10. Resistencia y estabilidad de las construcciones.
«11. Geología aplicada á las construcciones.
«12. Materiales de construcción y construcción general.
«13. Cimientos, puentes y túneles.
«14. Arquitectura.
«15. Astronomía y geodesia.
«16. Máquinas.
«17. Caminos ordinarios é hidráulica práctica.
«18. Economía política y derecho administrativo (primera parte) aplicado á las obras públicas.
«19. Caminos de hierro y explotación de ferrocarriles.
«20. Puertos y señales marítimas.
«21. Dibujo correspondiente á las asignaturas anteriores.

ESPECIALES Á LOS INGENIEROS GEÓGRAFOS Y DE MINAS Y Á LOS INDUSTRIALES Y METALURGISTAS

«22. Máquinas (curso especial aplicado á la minería y fundiciones.

«23. Mineralogía y curso de ensayes al soplete.

«24. Física industrial y tecnología.

«25. Docimasia, química industrial y analítica.

«26. Curso de construcción aplicado á la minería.

«27. Geología general y aplicada á la minería.

«28. Explotación de minas (primera parte, mensura y laboreo. segunda parte, preparación y lavado de minerales).

«29. Metalurgia general y especial.

«30. Contabilidad.

«31 Dibujo correspondiente á las asignaturas 22 á 29.

«Economía política y derecho administrativo, (segunda parte de la asignatura número 18), aplicado á la minería, con código de minas.

«Art. 2.° La enseñanza superior completa durará cinco años, siendo los dos primeros preparatorios comunes á todos los aspirantes á ingeniero. Las materias de enseñaza se distribuirán en el orden siguiente:

Curso preparatorio

PRIMER AÑO

	Semestres	Horas semanale
Geometría analítica (dos y tres dimensiones....	2	6
Álgebra superior..................	2	6
Cálculo diferencial é integral....	2	6
Geometría descriptiva (con aplicaciones)........	2	6
Dibujo y trabajos gráficos.		

SEGUNDO AÑO

Mecánica racional é hidráulica teórica...........	2	6
Topografía, parte teórica (1.er semestre)......	1	6
Id. instrumentos y práctica especial. (2.° semestre)........	1	6
Estereotomía en el 2.° semestre..................	1	6
Física general	2	6
Química general............	2	6
Dbujo, trabajos gráficos y prácticos.		

Curso especial para los ingenieros arquitectos; de puentes, caminos y construcciones hidráulicas; y de ferrocarriles, telégrafos y puertos

PRIMER AÑO

	Semestres	Horas semanales
Resistencia de materiales y estabilidad.........	2	6
Geología aplicada á las construcciones...........	2	6
Materiales de construcción y construcción general..................................	2	6
Astronomía, geodesia..................................	2	6
Dibujo, trabajos gráficos y prácticos.		

SEGUNDO AÑO

	Semestres	Horas semanales
Máquinas..	2	6
Cimientos, puentes y túneles.........................	2	6
Caminos ordinarios é hidráulica práctica........	2	6
Arquitectura..	2	6
Dibujo, trabajos gráficos y prácticos.		

TERCER AÑO

	Semestres	Horas semanales
Caminos de hierro, explotación de ferrocarriles	2	6
Puertos y señales marítimas.........................	2	6
Economía política, derecho administrativo aplicado á las obras públicas.........................	1	6
Dibujo, trabajos gráficos y prácticos.		

Curso especial para los ingenieros geógrafos y de minas é industriales y metalurgistas

PRIMER AÑO

	Semestres	Horas semanales
Máquinas (curso especial aplicado á las minas).	2	6
Mineralogía y ensayes al soplete..................	2	6
Física industrial, tecnología y química analítica	2	6
Astronomía y geodesia (igual al curso de ingenieros-arquitectos, de puentes, etc., etc.).......	2	6
Dibujo, trabajos gráficos y prácticos.		

SEGUNDO AÑO

Materiales de construcción y construcción general (1.ª parte)	2	6
Geología general y aplicada	2	6
Docimasia, química industrial y analítica	2	6
Explotación de minas, primera parte, (mensura y laboreo.)	2	6
Dibujo, trabajos gráficos y prácticos.		

TERCER AÑO

{ 1.° Construcción general (2.ª parte)	1	6
{ 2.° Contabilidad	1	6
{ 1.° Metalurgia general	1	6
{ 2.° Explotación, 2.ª parte (preparación mecánica	1	6
Metalurgia especial	2	6
Economía politica y derecho administrativo con código de minas	1	6
Química analítica	1	6
Dibujo, trabajos gráficos y prácticos.		

«Art. 3.° Todos los cursos se abrirán anualmente y se enseñarán por semestres en seis horas semanales, sin incluirse en este tiempo las prácticas y dibujos que deben hacerse anexos á cada curso, y cuya naturaleza y extensión se especificarán en los programas conjuntamente con la extensión de las materias que deben abrazar, y que serán sometidas á la aprobación del Consejo de Instrucción Pública por el Cuerpo de Profesores de la Facultad.

«Art. 4.° Los semestres de enseñanza empezarán el 1.° de marzo y el 15 de agosto, y terminarán el 1.° de agosto y el 1.° de enero; rindiéndose los exámenes semestrales entre 1.° al 15 de agosto y entre el 1.° al 15 de enero.

Las prácticas serán anexas al curso oral, y además habrá especiales en los meses de vacaciones.

«Art. 5.° Además de los profesores, habrá ayudantes ó repetidores en el número que sea necesario.

«Art. 6.° Los que se dediquen á la carrera de ingeniero-arquitecto estudiarán los ramos que se enseñan en la asignatura 1.ª á 14 inclusive y 21 á 24 inclusive.

Los que se dediquen á la carrera de ingeniero de puentes, caminos y construcciones hidráulicas ó á la de ingeniero de ferrocarriles, telégrafos y puertos estudiarán los ramos que se enseñan en las asignaturas 1.º á 21 inclusive; y

Los que se dediquen á la carrera de ingeniero geógrafo y de minas ó á la de industrial y metalurgista est udiarán los ramos que se enseñan en las asignaturas 1.ª á 9.ª inclusive, 22 á 31 inclusive, y la parte segunda de la asignatura 18.

«Art. 7.º Para obtener el título de ingeniero con cualquiera de las designaciones especificadas en el artículo 1.º se requiere el rendir las pruebas generales teóricas y prácticas que el título supone, las cuales serán determinadas en los reglamentos respectivos.

«Comuníquese, publíquese é insértese en el *Boletín de las Leyes y Decretos del Gobierno.*—BALMACEDA.—*Julio Bañados Espinosa.*

«Lo transcribo á Ud. para su conocimiento.

«Dios guarde á Ud.—*Domingo Amunátegui.*—Al Rector de la Universidad».

Se mandó archivarlos.

2.º Del siguiente oficio:

«Santiago, 26 de diciembre de 1888.—La Facultad de Filosofía, Humanidades y Bellas Artes, en sesión de 21 del corriente, tuvo á bien aprobar el informe adjunto, presentado por el Señor Pizarro, desfavorable á la solicitud pasada en informe á dicha Facultad, por la cual Don Roberto Miranda ha ofrecido en venta cien ejemplares del libro titulado *Tratado de Ortología y Ortografía de la lengua castellana* por Don José Manuel Marroquín.

«Lo comunico á Ud. devolviendo los antecedentes.

«Dios guarde á Ud.—*F. S. Asta-Buruaga.* —*Gaspar Toro*, secretario.—Al Señor Rector de la Universidad».

El informe á que se hace referencia es el siguiente:

«Señor Decano:—Don Roberto Miranda solicita del Consejo de Instrucción Pública que le compre cien ejemplares de una obra que lleva por título *Tratados de Ortología y Ortografía de la lengua castellana*, obra escrita por Don José Manuel Marroquín.

«Al proponer este contrato de compraventa, el solicitante se funda en que es de suma utilidad promover la lectura de libros bien redactados.

Plan de estudios de 1893

El decreto del 24 de agosto de 1893, consecuencia de la derrota de los impulsores del plan de 1889 en la Guerra Civil de 1891, deshace la reforma anterior y establece un plan que se basa en un modelo generalista enfocado en dos especialidades: Ingenieros civiles e Ingenieros de minas. Ambas carreras durarán 5 años con una formación teórica común independiente del título al cual aspiren. La formación práctica es la única diferencia entre ambas carreras.

Los detalles de las disposiciones reglamentarias de este nuevo plan se pueden encontrar en el Acta del Consejo de la FCFM del 6 de enero de 1893, mientras que la organización del plan se encuentra en el decreto mencionado anteriormente.

Las versiones facsimilares están tomadas de las siguientes fuentes. *Decreto:* Boletín de Instrucción Pública. Sesión del 4 de septiembre de 1893. *Anales de la Universidad de Chile 1893*, Tomo 86, pp. 211-218. El decreto está en las páginas 212-214. (Este material digital fue cedido por el Archivo Andrés Bello). *Acta FCFM:* Actas históricas de los Consejos de Facultad. Acta del 6 de enero de 1893. (Digitalización de la FCFM).

Acta de la sesion celebrada por la Facultad de Matemáticas el Viernes 6 de Enero de 1893. (1a. del año).

Se abrió la sesion a las 3 P. M. presidida por el Decano Sr. Lastarria i con asistencia de los señores

Aldunate.
Bidez.
Izquierdo.
Koning.
Obrecht.
Prado.
Torres. Rojerio
Torres Diego A. secretario.

Se leyó i fué aprobada el acta de la sesion última celebrada el 30 de Julio de 1892.

Antes de entrar a tratar del objeto para que se habia citado a la Facultad el Sr. Decano hizo presente que, a consecuencia del sensible fallecimiento del Sr. Schulze, acaecido por un accidente de laboratorio, como constaba a todos los señores miembros, i creyendo hacerse fiel intérprete de los sentimientos de la corporacion, habia dirijido a la señora viuda del ilustre profesor, una carta de pésame, haciéndole presente los sentimientos de condolencia de la Facultad por tan dolorosa pérdida.

El procedimiento del Sr. Decano fué aprobado por unanimidad, acordándose ademas, que se insertara en la presente acta la carta de pésame aludida, como una manifestacion hecha por la Corporacion en honor del Sr. Schulze.

La carta a que se hace referencia es la siguiente:

Santiago Noviembre de 1892. Señora Lyda Naake v. de Schulze - Presente = Señora: El desgraciado accidente que ha puesto fin a la vida de vuestro ilustre esposo, ha venido a privar a la Facultad de Ciencias Físicas i Matemáticas de nuestra Universidad de uno de sus mas distinguidos miembros.

El doctor Schulze, desde su ingreso a nuestra Facultad, se hizo notar por la profundidad de sus conocimientos, por su incansable laboriosidad i por su amor a la enseñanza, conquistándose desde el primer momento el cariño respetuoso de sus colegas y de sus discípulos, de modo que su prematuro fin ha impresionado dolorosamente a los miembros de la Corporacion que tengo la honra de presidir, i a cuyo nombre me hago un deber en manifestaros su profundo sentimiento de condolencia por la irreparable desgracia que os aflije.

Deseando que el justo reconocimiento de los méritos de vuestro sabio esposo pueda servir para mitigar en algo vuestro dolor, os ruego, señora, aceptar el homenaje de consideracion i respeto con que tengo la honra de suscribirme vuestro atº i seguro servidor. Washington Lastarria = Diego A. Torres, Secretario.

El Sr. Decano espuso: que habiéndose hecho necesario la reforma del plan de estudios del año 1889 que organizó los que debian hacerse para obtener títulos de Injenieros, el cuerpo Docente habia celebrado varias sesiones con el objeto de elaborar un proyecto que consultara las necesidades presentes. i como resultado de esos estudios, tenia el honor de presentar a la Facultad el siguiente proyecto de plan de estudios para Ingenieros, para que, si la Facultad lo creia conveniente, le prestase su aprobacion i poderlo elevar al Consejo Superior de Instruccion.

Plan de estudios de ciencias físicas i matemáticas.

Art. 1º = En la Facultad de Ciencias Físicas i Matemáticas de la Universidad se enseñarán los ramos de estudios teóricos i prácticos necesarios para formar:

Injenieros de Minas i
Injenieros Civiles.

Art. 2º = Para matricularse como alumno aspirante a título profesional en los cursos que establece este plan de estudios, se necesita comprobar, con los certificados correspondientes, el haber rendido exámen de todos los ramos que comprende el plan de estudios de la enseñanza secundaria i rendir, ademas, ante una comision de profesores de la Facultad, un exámen de ingreso que comprenderá los ramos siguientes: Aritmética = Algebra = Geometría = Trigonometría rectilínea = Nociones de Geometría Analítica = Nociones de Geometría descriptiva i Dibujo.

La estension que deba darse a estos ramos será fijada por los respectivos programas que acordará la Facultad.=

Art. 3º = La duracion de los estudios de ingeniería será de cinco años.

Art. 4º = En los dos primeros años, dedicados dedicados principalmente a la educacion científica de los alumnos, se enseñará: Geometría analítica de dos i tres dimensiones = Geometría descriptiva i sus aplicaciones = Física general = Química general i analítica = Química industrial = Algebra superior = Cálculo diferencial e integral = Mecánica racional

Topografía i Astronomía.

La parte técnica se enseñará en los tres años siguientes i comprenderá: Geolojía = Máquinas = Física industrial = Resistencia de materiales = Construccion jeneral e industrial = Arquitectura Hidráulica = Metalurjia = Esplotacion de minas = Cimientos, puentes i túneles = Ferrocarriles i caminos ordinarios = Administracion, economía, lejislacion i contabilidad industrial.

Art. 4º = La enseñanza teórica oral debe ser comun para todos los alumnos, cualquiera que sea el título a que aspiren.

La enseñanza práctica debe hacerse segun la especialidad.

Art. 5º = El tiempo que se consagrará a la enseñanza teórica de cada uno de los ramos que forman el presente plan de estudios, será el siguiente:

Geometría analítica de dos i tres dimensiones	3.	horas semanales.
Aljebra superior	2.	"
Geometría descriptiva i sus aplicaciones	4.	"
Química jeneral	4½	"
Física jeneral	4½	"
Cálculo diferencial e integral	3.	"
Mecánica racional	3.	"
Mineralojía i jeolojía	6.	"
Topografía	3.	"
Trigonometría esférica, Astronomía i Jeodesia	2.	"
Docimacia i Química industrial	3.	"
Máquinas	4½	"
Física industrial	4½	"
Resistencia de materiales i grafostática	4½	"
Construccion jeneral e industrial	4½	"

80

Arquitectura . . . . 3 horas semanales.
Hidráulica teórica i práctica . . . . . 4 ½ "
Metalurgia . . . . 6. "
Esplotacion de minas . . . . 6. "
Cimientos, puentes i túneles . . . . 4 ½ "
Ferrocarriles i caminos ordinarios. 4 ½ "
Administracion, economía, &. . . . 1 ½ "

La asignatura "Construccion general e industrial" comprende tambien los "materiales de construccion."

Art. 6º Las materias de enseñanza se distribuirán en el órden siguiente

1er. año.

	horas semanales. Clase	Ejercicios.
Geometría analítica de 2 i 3 dimen.	3.	1 ½
Algebra superior	2.	
Geometría descriptiva i aplicaciones	4.	
Física general	4 ½	2.
Química general	4 ½	3.
Dibujo, comprendiendo tambien el dibujo a mano alzada		9.
total	18.	15 ½.

2º. año.

	Clase	Ejercicios
Cálculo diferencial e integral	3	1 ½.
Mecánica racional	3	1. ½.
Mineralogía	3	2.
Topografía	3	3.
Trig. esfé. Astronomía i Geodesia	2.	
Docimásia i química industrial	3.	6.
Dibujo.		2.
total.	17.	16.

3.er Año

	horas semanales clase	ejercicios
Jeolojía	3.	1½
Máquinas	4½	
Física industrial	4½	3.
Resistencia de materiales (1.a parte)	2.	2.
Construccion jeneral e indust. 1.a parte	1½	1.
Arquitectura	3.	
Dibujo		8.
total	18½	15½

4.º Año

	clase	ejercicios
Construccion jeneral e indust., 2.a parte	3	
Resistencia de materiales, 2.a parte	2½	2.
Hidráulica, 1.a parte	2.	1.
Metalurjia, 1.a parte	3.	1.
Esplotacion de minas, 1.a parte	3.	1.
Cimientos, puentes i túneles	4½	
Dibujo i Laboratorios		10.
total	18.	15.

5.º Año

	clase	ejercicios
Hidráulica, 2.a parte	2½.	
Metalurjia, 2.a parte	3.	1.
Esplotacion de minas, 2.a parte	3.	1.
Ferrocarriles i caminos ordinarios	4½	
Administracion, economía, &.	1½	
Dibujo i Laboratorios		12.
total	14½	14.

Para la práctica del dibujo, los profesores de cada año se reunirán al principiar los cursos con el objeto de acordar el órden en que deben distribuirse los proyectos i ejercicios a los alumnos, de modo que éstos no puedan encontrarse a la vez con dos trabajos diversos, i no puedan tampoco eludir la obligacion de trabajar en el dibujo.

Art. 7º = Los cursos se abriran anualmente i se haran con arreglo a las horas semanales que fija el artículo anterior.

Art. 8º = Ademas de los profesores habrá ayudantes o repetidores en el número que sea necesario.

Art. 9º = Los alumnos aspirantes a títulos profesionales deberan cursar los años completos, i el exámen versará sobre el conjunto de los ramos de un año, o sobre cada ramo separadamente, pero sumando en seguida las notas obtenidas en todos ellos para llegar a tener el resultado del conjunto de ramos.

Si los exámenes se rindieran en esta última forma, i el alumno fuere reprobado en alguno de los ramos, quedará en suspenso, i podrá repetir la prueba de aquel en que fracasó en el siguiente periodo de exámenes. Si la nueva prueba fuere favorable, se tomará en cuenta con los demas del curso; si ella no fuere satisfactoria, el alumno estará obligado a repetir el año completo.

Art. 10º = Para obtener el título de Ingeniero de minas o el de Ingeniero Civil, se requiere el rendir las pruebas generales teóricas i prácticas que el título supone las cuales seran determinadas en los reglamentos respectivos.

El señor Aldunate pregunta en qué condicion queda él como profesor de Arquitectura con este nuevo plan de estudios.

El señor Prado, para satisfacer al Sr. Aldunate hace la siguiente esposicion.

" Por decreto supremo de 17 Nobre de 1849 se mandó " establecer una escuela de Arquitectura bajo la direccion " del arquitecto del Gobierno Sr. Brunet des Baines-

En 1848 fué contratado en Europa para dirijir la academia de pintura el Sr. Alejandro Ciccarelli i en Enero 4 de 1849 se dictó el reglamento para la mencionada academia.

En Nbre 22 del mismo año 1849 se colocaron los estudios anteriores bajo la inspeccion del Decano de la Facultad de Humanidades i otros.

El señor Brunet des Baines al dirijir la clase de Arquitectura lo hacía segun los decretos de su creacion, como arquitecto del gobierno.

En Dbre 7 de 1853 se dictó un decreto estableciendo un plan de estudios para la Facultad de Ciencias Físicas i Matemáticas de la Universidad para formar Injenieros, ensayadores i Arquitectos.– Segun ese plan de estudios, los aspirantes a este último título, debian seguir un curso anual de arquitectura en la Universidad i hacer una práctica de seis meses bajo las órdenes del profesor de Arquitectura.– En ese tiempo, el curso existente era el de Bellas Artes que se encontraba dirijido por el Sr. Henault, que había sido contratado en Francia como Arquitecto del Gobierno a consecuencia del fallecimiento del Sr. Brunet.

En 1854 se creó la escuela de escultura, la cual fué modificada bajo nuevas bases por decreto supremo de 7 de Enero de 1859.

Como estas tres secciones, arquitectura, pintura i escultura no se encontraban sujetas a un réjimen uniforme, se estableció, por decreto de 30 de Agosto de 1858, de una manera definitiva en el departamento Universitario, una escuela de Bellas Artes dividida en tres secciones: 1ª Pintura i dibujo natural. 2ª Arquitectura, 3ª Escultura, bajo la direccion del Delegado Universitario e inspeccion del Decano de la Facultad de humanidades. De modo pues que la clase de arquitectura que se hacia en la seccion universitaria correspondia a la escuela de Bellas Artes que habia sido establecida por el decreto del 30 de Agosto de 1858, ya citado, clase que fué desempeñada en su orijen por el Arquitecto del Gobierno Sr. Brunet, mas tarde por el Sr. Henault i finalmente por el Sr. Aldunate, ambos igualmente en su carácter de Arquitectos del Gobierno.

A consecuencia de no sé qué irregularidad, se declaró por decreto de Abril 7 de 1874 que el empleo de profesor de Arquitectura de la seccion universitaria era anexo al de primer arquitecto del Gobierno, pero, a lo que entiendo, con la creacion de la Direccion de Obras Públicas, se separaron los cargos de profesor de arquitectura i de arquitecto del Gobierno, quedando en consecuencia el profesor con solo el cargo de la clase.

La lei de instruccion pública de 1879 al crear la Universidad docente i sus facultades, estableció terminantemente la Facultad de humanidades i bellas-artes, fijando así de una manera definitiva la seccion de Bellas Artes dentro de la Facultad de Humanidades. Por otra parte, esa misma lei al hablar de los licenciados en la Facultad de Matemáticas, no reconoce como tales a los arquitectos, de donde implícitamente se deduce que la lei ha querido que se formen en su seccion respectiva. De toda esta esposicion se deduce que la clase de arquitectura de la seccion universitaria de Bellas Artes nunca ha pertenecido a la Facultad de Matemáticas i esta Facultad nada tiene que ver con dicha clase.

"En el plan de estudios de la Facultad de Matemáticas
" que está vijente i que ahora tratamos de modificar, se
" establece el estudio de las construcciones, cortes i Arquitectura
" para los ingenieros, pero esta es una nueva asignatura
" que no debe confundirse con la de Bellas Artes. Para ser-
" vir esta asignatura el Consejo de Instruccion Pública
" tuvo a bien encargar a Europa un profesor especial que
" fué contratado, viniendo para ese fin el Señor Koning.

"Si el plan de estudios necesarios para formar arqui-
" tectos no está determinado, no es culpa nuestra, pues están
" encomendados por la lei a otra Facultad esos estudios, i es
" a la de Humanidades a la que hai que recurrir si se
" quiere o desea hacer algo en ese sentido."

En seguida se suspendió la sesion.-

Washington Lastarria

Diego A. Torres

Secretario

NÚM. 2,211

Santiago, 22 de Agosto de 1893

Hoi se decretó lo que sigue:

"Núm. 1,818.—Visto el oficio que precede,

"Decreto:

"Nómbrase a don Domingo Amunátegui Solar, propuesto en el primer lugar de la terna formada al efecto por la Facultad de Filosofía, Humanidades i Bellas Artes de la Universidad, para que desempeñe, por un período legal, el cargo de Decano de la referida Facultad.

Páguesele el sueldo correspondiente.

"Tómese razon i comuníquese.—MONTT.—*J. Rodríguez Rozas.*"

Lo digo a V. en contestacion a su oficio número 143.

Dios guarde a V.

J. D. Amunátegui Rivera

Al Rector de la Universidad.

NÚM. 2,241

Santiago, 24 de Agosto de 1893

Hoi se decretó lo que sigue:

"Núm. 1,845.—Visto el oficio que precede i teniendo presente el acuerdo celebrado por el Consejo de Instruccion Pública en sesion de 14 del que rije,

"Decreto:

"Apruébase el siguiente *Plan de estudios del curso superior de Ciencias Físicas i Matemáticas.*

PRIMER AÑO

	Horas semanales Clase	Ejercicios
Jeometría analítica de dos i tres dimensiones	3	1½
Áljebra superior	2	
Jeometría descriptiva i aplicaciones	4	
Física jeneral	4½	2
Química jeneral	4½	3
Dibujo, comprendido el a mano alzada		9
TOTAL	18	15½

SEGUNDO AÑO

	Horas semanales Clase	Ejercicios
Cálculo diferencial e integral.	3	1½
Mecánica racional.	3	1½
Mineralojía.	3	2
Topografía	3	3
Trigonometría esférica, Astronomía i Jeodesia.	2	
Docimasia i Química industrial.	3	6
Dibujo.		2
TOTAL	17	16

TERCER AÑO

Jeolojía.	3	1½
Máquinas.	4½	
Física industrial.	4½	3
Resistencia de materiales, 1.ª parte	2	2
Construccion jeneral e industrial, 1.ª parte. .	1½	1
Arquitectura.	3	
Dibujo.		8
TOTAL.	18½	15½

CUARTO AÑO

Construccion jeneral e industrial, 2.ª parte. .	3	
Resistencia de materiales, 2.ª parte	2½	2
Hidráulica, 1.ª parte	2	1
Metalurjia, 1.ª parte	3	1
Esplotacion de minas, 1.ª parte.	3	1
Cimientos, puentes i túneles.	4½	
Dibujo i laboratorio		10
TOTAL.	18	15

QUINTO AÑO

	Horas manales Clase	Ejercicios
Hidráulica, 2.ª parte	2½	
Metalurjia, 2.ª parte	3	1
Esplotacion de minas, 2.ª parte.	3	1
Ferrocarriles i caminos ordinarios.	4½	
Administracion, economía, etc.	1½	
Dibujo i laboratorio		12
TOTAL.	14½	14

Tómese razon, comuníquese, publíquese e insértese en el *Boletin de las Leyes i Decretos del Gobierno*.—MONTT.—*J. Rodríguez Rozas*.»

Lo digo a V. en contestacion a su oficio número 145.

Dios guarde a V.

J. D. Amunátegui Rivera

Al Rector de la Universidad.

NÚM. 2,268

Santiago, 29 de Agosto de 1893

Hoi se decretó lo que sigue:

«Núm. 1,872.—Vista la cuenta que precede i teniendo presente lo acordado por el Consejo de Instruccion Pública,

«Decreto:

«La Tesorería Fiscal de Santiago pagará a don Rafael Jover la suma de ochocientos cincuenta pesos por impresion de varios proyectos de programas sobre instruccion secundaria.

«Dedúzcase del ítem 15, partida 131 del presupuesto de Instruccion Pública.

«Refréndese, tómese razon i comuníquese.—MONTT.—*J. Rodríguez Rozas*.»

Lo digo a V. en contestacion a su oficio número 112.

Dios guarde a V.

J. D. Amunátegui Rivera

Al Rector de la Universidad.

Plan de estudios de 1898

Este plan es una modificación menor del de 1893, para actualizarlo y alinearlo con: (a) la implementación del plan concéntrico para el Bachillerato; (b) la importancia que estaban tomando la física, la química y las máquinas para la formación del ingeniero.

El decreto del 22 de enero de 1898 da cuenta de la organización de este plan de estudios, cuya duración de la carrera permanece en 5 años y también las dos especialidades de Ingenieros de minas e Ingeniero civil.

La versión facsimilar está tomada del Boletín de Instrucción Pública. Marzo de 1898. *Anales de la Universidad de Chile, 1898,* Tomo 99, pp. 11-36. El decreto se encuentra en las páginas 13-16.

NÚM. 171.

Santiago, 22 de enero de 1898.

Hoi se decretó lo que sigue:

"Núm. 59.—Visto el oficio que precede, i teniendo presente el acuerdo celebrado por el Consejo de Instruccion Pública en sesion de 13 de diciembre último,

Decreto:

Apruébase el presente plan de estudios superiores de ciencias físicas i matemáticas:

CURSO DE AGRIMENSORES

Primer año

	Distribucion de horas semanales	
	Clases	Ejercicios
Jeometría analítica de dos o tres dimensiones.........	4½	
Áljebra superior............	3	
Jeometría descriptiva i aplicaciones..........	4	
Física jeneral, primera parte..........	3	
Química jeneral, primera parte..........	3	
Dibujo a mano alzada..........	...	
TOTAL..........	17½	18

Segundo año

Cálculo diferencial e integral..........	3	
Mecánica racional i grafostática..........	3	
Mineralojía (un semestre)..........	3	
Física jeneral, segunda parte..........	3	
Química jeneral, segunda parte..........	3	
Topografía..........	3	
TOTAL... Primer semestre.......	18	15
TOTAL... Segundo semestre......	15	

Tercer año

	Distribucion de horas semanales: Clases	Ejercicios
Construccion jeneral e industrial i tecnolojía, primera parte	3	
Física industrial	4½	
Jeolojía (un semestre)	3	
Máquinas, primera parte	2½	
Química analítica	1	
Jeodesia i astronomía	2	
Resistencia de materiales, primera parte	2	
TOTAL... Primer semestre	18	16
TOTAL... Segundo semestre	15	

CURSO DE INJENIEROS CIVILES

Los tres primeros años de este curso serán los mismos que los correspondientes al de agrimensores.

Cuarto año

Arquitectura	3	
Construccion jeneral e industrial i tecnolojía, segunda parte	1½	
Cimientos, puentes i túneles	4½	
Hidráulica, primera parte	2	
Resistencia de materiales, segunda parte	3	
Máquinas, segunda parte	2	
TOTAL	16	16

Quinto año

Administracion i economía	2	
Ferrocarriles i caminos	4½	
Hidráulica, segunda parte	5	
Química industrial	2	
Máquinas, tercera parte	2	
TOTAL	15½	16

CURSO DE INJENIEROS DE MINAS

Los tres primeros años de este curso serán los mismos que los correspondientes al de agrimensores, difiriendo solo en que durarán un año entero para los injenieros de minas el estudio de la mineralojía segundo año i el de la jeolojía tercer año.

Cuarto año

	Distribubion de horas semanales	
	Clases	Ejercicios
Arquitectura (primer semestre)	3	
Esplotacion de minas, primera parte	3	
Docimasia	1	
Metalurjia, primera parte	3	
Resistencia de materiales, segunda parte (primer semestre)	3	
Máquinas, segunda parte	3	
TOTAL ... Primer semestre	16	18
TOTAL ... Segundo semestre	10	

Quinto año

	Clases	Ejercicios
Administracion i economía	2	
Esplotacion de minas, segunda parte	3	
Metalurjia, segunda parte	3	
Química industrial	2	
Máquinas, tercera parte	2	
TOTAL	12	18

El cuerpo de profesores de la Facultad de Ciencias Físicas i Matemáticas, distribuirá entre las diversas asignaturas el total de horas fijado para los ejercicios prácticos de cada año.

Los estudiantes de ramos sueltos o que no sigan los cursos en el órden establecido podrán rendir los exámenes respectivos; pero éstos no servirán para obtener grados universitarios, debiendo en cada caso anotarse tal circunstancia, como se dispone en el inciso final del artículo 16 del reglamento de 28 de enero de 1881, sobre exámenes en los establecimientos de instruccion secundaria i superior.

Este plan comenzará a ponerse en práctica el 1.° de marzo de 1899, principiando por el primer año para continuar sucesivamente con los demas.

Los estudiantes que hubieren iniciado sus cursos segun el plan de estudios de 24 de agosto de 1893, podrán continuarlo en conformidad al mismo.

Tómese razon, comuníquese, publíquese e insértese en el *Boletin de las Leyes i Decretos del Gobierno*.—ERRÁZURIZ.—*J. D. Amunátegui Rivera*."

Lo digo a V. en contestacion a su oficio número 174, de 30 de diciembre último.

Dios guarde a V.

Agustin Boza.

Al Rector de la Universidad.

NÚM. 172.

Santiago, 22 de enero de 1898.

Hoi se decretó lo que sigue:

"Núm. 60.— Visto el oficio que precede i teniendo presente el acuerdo celebrado por el Consejo de Instruccion Pública en sesion de 27 de diciembre último,

"Decreto:

Apruébase el siguiente

REGLAMENTO SOBRE SORTEO DE CÉDULAS PARA GRADOS EN LA FACULTAD DE LEYES I CIENCIAS POLÍTICAS

Las cédulas sobre que debe recaer el sorteo para el bachillerato en la Facultad de Leyes i Ciencias Políticas son las siguientes:

1.° Proemio del derecho romano, párrafos 1, 2, 5 i 6 del título preliminar del código civil, título preliminar del código de comercio.

2.° De la lei; de sus efectos. Principios fundamentales del derecho internacional privado. Dominio, imperio i jurisdiccion. Sus límites.

3.° De las personas; de su principio, fin, capacidad. De los derechos de los padres, de los hijos, segun el código civil i el derecho romano. De las personas jurídicas. De la Nacion, su personalidad, independencia i soberanía.

EDITORIAL UNIVERSITARIA

Made in the USA
Monee, IL
19 April 2026

48475340R00092